"十二五"职业教育国家规划教材
经全国职业教育教材审定委员会审定

高等职业学校餐饮类专业教材

XICAN I
GONGYI

西餐工艺
（第三版）

高海薇 **主 编**

U0219774

中国轻工业出版社

图书在版编目（CIP）数据

西餐工艺 / 高海薇主编. —3版. —北京：中国轻工业
出版社，2025.1

"十二五"职业教育国家规划教材　高等职业学校餐
饮类专业教材

ISBN 978-7-5184-0772-9

Ⅰ. ①西… Ⅱ. ①高… Ⅲ. ①西式菜肴—烹饪—高等
职业教育—教材　Ⅳ. ①TS972.118

中国版本图书馆CIP数据核字（2015）第298693号

责任编辑：史祖福　　责任终审：张乃柬　　整体设计：锋尚设计
策划编辑：史祖福　　责任校对：吴大朋　　责任监印：张　可

出版发行：中国轻工业出版社（北京鲁谷东街5号，邮编：100040）
印　　刷：三河市万龙印装有限公司
经　　销：各地新华书店
版　　次：2025年1月第3版第10次印刷
开　　本：787×1092　1/16　印张：13.75
字　　数：281千字
书　　号：ISBN 978-7-5184-0772-9　定价：49.00元
邮购电话：010-85119873
发行电话：010-85119832　010-85119912
网　　址：http://www.chlip.com.cn
Email：club@chlip.com.cn

前　言（第三版）

本教材在编写中突出"实用、实践"的原则，注重培养学生解决实际技术问题的能力，自出版以来受到广泛好评。

除了坚持前两版注重培养学生掌握西餐原理，尤其是举一反三的理解能力、学习能力和创新能力外，还具有以下特点：

（1）根据行业发展的新特点、新要求，对教材的内容进行了增减。尤其是增加了近些年比较热门的西餐装盘与装饰，使学生能够更加系统和全面地掌握西餐制作工艺。

（2）以理论为主线，突出实践和操作技能，内容由浅入深、循序渐进，结构更加严谨。

（3）按照西餐岗位要求，着重训练学生掌握不同岗位所需知识点的能力。

（4）增加"学习目的"和"思考题"两个部分，便于学生在学习中抓住重点。

（5）增加"课外阅读"部分，便于学生在课余阅读，拓宽学生的学习视野，扩大学生的知识面。

（6）增加大量图片，增进教材的可读性和直观性。

本教材由上海师范大学旅游学院（上海旅游高等专科学校）高海薇教授主编。参与编写人员如下：四川旅游学院李晓、张浩、黄益前、张振宇、吉志伟、陈龙，济南大学酒店管理学院胡建国、青岛酒店管理职业技术学院宋宇鸣、南宁职业技术学院朱照华、河南信阳高等专科学校邬全喜、长沙商贸旅游职业技术学院鄢志芳。

在本教材修订过程中，借鉴了国内外相关文献资料；同时，还得到了上海旅游高等专科学校相关领导的大力支持，在此一并表示感谢。

由于编写时间仓促、编者水平有限，书中难免存在不妥和错漏之处，敬请读者批评指正。

编者
2015年9月

CONTENTS 目录

第一章

西餐概述

学习目的

通过本章的学习，了解和掌握西餐的概念和特点，以及不同国家的烹饪和饮食特点。

学习内容

第一节　西餐的特点

一、西餐的概念

"西餐"，一般有广义和狭义两种解释。广义的"西餐"指中餐以外的其他国家的餐饮，狭义的"西餐"则是对欧美各国餐饮的统称。传统上，"西餐"（图1-1和图1-2）一般是狭义的概念。

西餐的历史十分悠久。早在古代巴比伦人的楔形文字中，就有对当时西餐种类和烹调方法的记载。此后，西餐的发展经历了古代西餐、中世纪西餐、近代西餐等不同阶段，形成了以法国烹饪为首、丰富多彩的现代餐饮体系，与以中国烹饪为首的东方菜系和以土耳其烹饪为首的中东菜系共同构成了世界餐饮的三大菜系。

图1-1　西餐的主菜

图1-2　西餐的甜点

二、西餐的特点

（一）西餐的原料特点

原料的品质，是决定菜肴质量的关键因素之一。西餐烹调注重原料选择，根据原料特点进行不同的烹调制作，以最大地表现原料的品质。选料精、严是西餐用料技艺的核心特点。

1. 根据菜品特点，选择和使用原料

西餐对原料的选择和使用，依据菜肴的特点而不同。

例如，西餐的开胃菜（图1-3），具有开胃和刺激食欲的特点，选择新鲜的蔬菜和海鲜，可以更好地达到开胃效果。制作蓉汤时，选择含淀粉比较多的蔬菜原料，如土豆、豌豆等，菜肴更具有细腻爽滑的特点。而用于制作主菜（图1-4）的原料，则选择含蛋白质丰富且含有一定脂肪的畜类、禽类、鱼类等，满足主菜分量大、营养丰富、具有饱腹感的特点。

 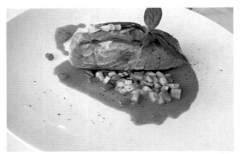

图1-3　经典开胃菜　　　　　图1-4　西餐主菜——煎三文鱼

2. 选料严格、讲究新鲜

西餐烹调中，原料的选择十分严格。常用于烹调的原料，多取自牛（图1-5）、羊、猪、鸡、鸭、鱼、虾等原料各部位的净肉，例如，T骨牛排、西冷牛排、鸭脯、鸡柳、鱼肉等，基本不使用动物的头、蹄、爪、内脏、尾等副产品。只有法国等少数国家使用动物原料的副产品，例如，鸡冠、鹅肝、牛肾、牛尾等。

西餐也非常注重原料自身的新鲜和卫生。许多西餐菜肴中的原料是直接生吃的。例如，制作各种沙拉的生菜、制作沙拉酱的鸡蛋，以及牡蛎等。西餐在烹调牛扒时，也常常根据要求，制作成七八分熟、五分熟、两三分熟，甚至全生。因此，西餐选料对原料本身新鲜度的要求非常高。

图1-5 以牛肉为原料的西餐菜肴

3. 乳制品的使用比较广泛

乳和乳制品的广泛使用，是西餐的一个重要特点，也是西餐具有独特风味的主要原因之一。

西餐的乳制品种类非常多，如鲜奶、奶油、黄油、干酪等。每一个种类中又有许多不同的品种。

鲜奶，除直接饮用外，在烹调中常用来制作各种少司，也常用于煮鱼、虾或谷物等原料，或拌入肉馅、土豆泥中。在西点制作中，鲜奶是不可或缺的重要原料。

奶油，在西餐烹调中常用来增香、增色、增稠或搅打后装饰菜点。

黄油不仅是西餐常用的油脂，还可以制作成各种少司，并用于增香菜肴、保持水分以及增加滑润口感。

干酪常直接食用，或作为开胃菜、沙拉的原料。使用干酪制作热菜（图1-6）可起到增香、增稠、上色的作用。

图1-6 干酪是西餐最常见的原料之一

（二）西餐的刀工特点

西餐刀工的特点主要表现在以下几个方面：

1. 刀具种类多，使用时根据原料特点选择刀具西餐的刀具很多，使用的方法不同：切割韧性比较强的动物原料，选择比较厚重的刀，比如厨刀；切割质地细嫩的蔬菜和水果原料，则选择规格小、轻巧灵便的刀，例如沙拉刀；撬生蚝时，一般使用蚝刀。

此外，还有专门去鱼骨的刀、专门切面包的刀等。

2. 刀法简洁，动物原料成形规格通常比较大

与中餐的刀工相比，西餐的刀工处理比较简单，刀法和原料成形的规格相对比较少。西餐的刀工成形一般以条、块、片、丁为主，虽然成形规格较少，但要求刀工处理后原料整齐一致、干净利落。

西方人习惯使用刀叉作为食用餐具，原料在烹调后，食者还要进行第二次刀工分割，因此，许多原料，尤其是动物原料，在刀工处理上通常呈大块、片等形状，如牛扒、菲力鱼、鸡腿、鸭胸等（图1-7），每块（片）的重量通常为150~250g。

图1-7　西餐的成形简单，动物类原料形状通常比较大

（三）西餐的调味特点

1. 注重少司制作

少司是厨师专门制作的一类调味汁，在西餐菜肴和点心的制作中，少司起到增加菜肴味道、增进食欲等作用。不同的少司具有不同的色泽、稠度和形状，与不同菜肴搭配还可使菜肴更加美观，起到良好的装饰作用（图1-8）。制作少司是西餐烹调的基本功。

图1-8　西餐少司既能调味，同时还能增加菜肴的美感

2．讲究烹调后调味

菜肴的调味一般有烹调前调味、烹调中调味和烹调后调味。在西餐的调味技艺中，注重烹调后调味。西餐少司一般由厨师单独制作，装盘时，浇在主料上，或者装在少司斗中与主料一同上桌。

3．酒的使用广泛

西餐的主菜主要由各种动物原料制成，这些原料的腥、膻等味道较浓，因此，西餐在调味上十分强调去异增香。

例如，在制作鱼虾等浅色肉菜时，常使用浅色或无色的干白葡萄酒、白兰地酒；制作畜肉等深色肉类，常使用香味浓郁的马德拉酒、雪利酒等；制作野味菜肴，则使用波特酒除异增香；而制作餐后甜点，常用甘甜、香醇的朗姆酒和利口酒等。

（四）西餐的烹调特点

1．大量使用工具和设备，减少烹调中的不可控因素

西餐烹调使用的工具和设备，在数量、品种以及规格上都比较多。常见的有扒炉、炸炉、烤箱、煎盘、少司锅、汤锅、切片机、粉碎机、搅拌机等（图1-9）。

图1-9　西餐厨房的工具和设备

这些烹调用具和设备，特别是加热制熟设备，可以调节温度和时间（图1-10）。因此，在西餐烹调过程中，减少了技术上的不可控因素，更有利于保持菜品的出品质量。

图1-10　西餐厨房的各种锅具和汤勺

2. 主料、配料、少司常分别制作

与中餐不同，西餐的菜肴制作，主料、配料（配菜）、少司（调味汁）通常不是一锅成菜，而是分别烹制好后，在装盘时，将它们组合到一起（图1-11和图1-12）。

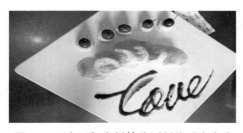

图1-11　少司与主料等分别制作后在盘中组合

图1-12　盛装少司的少司斗

3. 以烤、扒等烹调方法为特色

根据成菜特点的不同，烹调方法，一般分为以水为传热介质的烹调方法、以油为传热介质的烹调方法和以空气为传热介质的烹调方法等。西餐以空气传热的烹调方法为特色。

以空气为传热介质的方法，西餐中常见的是烤和焗。烤和焗制作出的菜点非常多。面点中各种面包、蛋糕等（图1-13），菜肴中的烤火鸡、烤羊腿、焗鱼等，都是西餐的特色菜点。

此外，西餐烹调技法中铁扒，也是西餐烹调方法的一大特色（图1-14）。

图1-13　烤制而成的甜点

图1-14　牛肉在扒炉上扒制

（五）西餐的装盘特点

1. 主次分明，和谐统一

西餐的摆盘，强调菜肴中原料的主次关系，主料与配料层次分明、和谐统一（图1-15）。

图1-15　主次分明，和谐统一

2．几何造型，简洁明快

几何造型是西餐最常用的装盘技法。它主要是利用点、线、面进行造型的方法。几何造型的目的是挖掘几何图形中的美，追求简洁明快的装盘效果（图1-16）。

图1-16　几何造型，简洁明快

3．立体表现，空间发展

西餐的摆盘，除了在平面上表现外，也进行立体造型。从平面到立体，展示菜肴之美的空间扩大了（图1-17）。这种立体造型的方法，也是西餐摆盘常用的方法，是西餐摆盘的一大特色。

图1-17　立体表现，空间发展

4. 讲究破规和变异

整齐划一、对称有序的装盘，会给人以秩序之感，是创造美的一种手法。不过，这样的摆盘也会缺乏动感。为了达到动中求静的效果，西餐在装盘技术上常采取破规的表现方法。例如，在排列整齐的菜肴上，突然斜放两三根长长的细葱。这种长线形的出现，破坏盘中已有的平衡，使盘面活跃起来。

变异，从美学角度来说，是指具象的变形。常用的手法是对具体事物进行抽象地概括。即通过高度整理和概括，以神似而并非形似来表现。西餐的摆盘，通过对菜肴原料的组合，形成一种似像非像的造型，从而进一步引起食客的遐想（图1-18）。

图1-18　讲究破规和变异

5. 盘饰点缀，回归自然

西方菜肴的盘饰，讲究自然与可食用性，常使用天然的花草树木，以及蔬菜原料本身作为装饰原料（图1-19）。

在装盘的点缀上，西餐遵从点到为止的装饰理念。装饰原料的使用少而精。避免喧宾夺主，掩盖菜肴的实质。

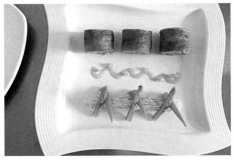

图1-19　盘饰点缀，回归自然

第二节　西餐的流派

由于文化、历史、地理、风俗和物产等因素的影响，不同西方国家的菜肴、点心和烹饪技法等，仍存在较大的差异，具有各自独特的风格。

西餐的菜系可以分为以下四大类：

一是拉丁语系国家的菜肴。其主要包括法国、意大利以及地中海周边国家的菜肴。拉丁语系的国家，在传统上比较注重饮食与生活情趣，讲究创新和追求极致，特别注重和致力于菜肴的发展与传播。因此，拉丁语系国家的菜肴在西方餐饮中影响很大。

二是罗马语系国家的菜肴。其主要包括英国、德国以及中北欧国家的菜肴。罗马语系国家的人们有清教徒的观点，对食物要求不高，菜肴制作比较简单。

三是俄罗斯及其周边国家的菜肴。俄罗斯及其周边国家，地处地球的北部，气候寒冷，菜肴制作也相对简单，但菜肴油重、热量高，分量也比较大。

四是以美国为代表的移民国家的菜肴。汇集各国移民的美国，在传统的英国菜肴基础上，不断与其他菜肴融合，形成独特的菜肴体系。现在，更借助其强大的经济影响力，向全世界推销它的餐饮文化。美国式菜肴，分量大，偏爱沙拉和水果制作的菜肴，菜肴的制作相对快速而简单。

一、意大利菜的特点

意大利菜，被称为"欧洲烹饪的鼻祖"，是西餐的重要代表流派之一。它是意大利悠久历史和丰富文化的结晶。

早在2000多年前，古罗马人在烹饪上，就显现出他们的才华和对饮食的热爱。在哈德连皇帝时期，罗马帝国甚至在帕兰丁山建立了一所厨师学校以发展烹饪技艺。此外，其优越的地理位置，使得意大利的物产十分丰富，也为意大利菜的发展奠定了坚实的物质基础。因此，意大利菜在很早就逐渐形成了自己独特的风格，并且对西方餐饮产生了巨大的影响。

1. 原料使用具有明显的地域性

公元1861年前，意大利并不是统一的国家，而是一直由许多各自为政的不同的小国家组成。在这种独特的背景之下，意大利菜的烹饪原料呈现出强烈的地域性，不同地区的菜肴制作，多选用当地的特产原料，形成了各地区不同的美食特色。

此外，意大利的物产十分丰富，出产许多优质的特色原料。萨拉米香肠（图1-20），是意大利的著名原料之一，其品种有百种之多，肠身呈深色，布满白色圆点的油脂，味道干香；白松露，仅在意大利北部的埃蒙特地区才有生长，具有特殊浓郁的香味，价格昂贵，是西餐烹调中的珍贵原料。

2. 橄榄油与香脂醋是意大利菜的重要原料

位于地中海地区的意大利，橄榄资源丰富，压榨橄榄油有着悠久的历史和高超的技术，可以生产出品质上乘的橄榄油（图1-21）。

醋的制作，在意大利也具有悠久历史，也生产出了许多品质优异的醋，常见的有香脂醋，也称黑醋。

图1-20 意大利萨拉米香肠

图1-21 意大利橄榄油

3．面食品种多

意大利面食品种繁多，仅意大利面条的品种就有数十种之多，包括不带馅的面条或面片和带馅的面食饺子等（图1-22）。烹饪面条的方法也很多，除用沸盐水煮熟外，还可以放进烤炉焗或者清水煮熟后凉拌等。

此外，意大利是比萨的故乡，意大利人善于制作比萨，比萨的种类很多，风格各异，质量上乘（图1-23）。

图1-22 各式意大利面条 图1-23 传统的意大利比萨烤炉

二、法国菜的特点

法国菜，被西方美誉为"欧洲烹饪之冠"，是西餐的重要代表流派之一。

法国菜的发展和繁荣，是从17世纪开始的。意大利公主嫁入法国王室后，将意大利文艺复兴时期盛行的烹调方式、烹调技巧、食谱及华丽餐桌装饰艺术带到了法国，使法国菜获得了一次最好的发展良机。此后，路易十四时代，法国餐饮得到了进一步的发展。路易十四在凡尔赛建起庞大宫殿，开启了法国奢靡饮食之风；同时，举办全国性的厨艺大赛，获胜者被授予"泉蓝带奖"

（CORDO NBLEU）。此后，获得"泉蓝带奖"，成为全法国厨师追求和奋斗的目标。

法国大革命以后，宫廷豪华饮食逐渐走向民间，大量的宫廷厨师在巴黎等地开设餐厅（图1-24），逐渐形成了传统法国菜特色：精美的菜品、高超的技艺、华丽的就餐氛围。

近年来，法国菜随着时代的变化不断创新，将传统与现代相互融合，现代菜肴更加讲究风味、个性、天然和精巧。

图1-24　法国餐厅

图1-25　法国用鹅肝制作的鹅肝酱

法国菜的主要特点是：

1. 用料广泛，乳制品多

西餐在选料上一般比较严格，许多原料如动物内脏等副产品，是很少用于烹调的。但是，法国菜在原料选择与使用上非常大胆，牛胃、鹅肝（图1-25）、鸡胃、鸡冠等，都可以作为烹饪原料，制作出味道鲜美的法国菜。

图1-26　法国的干酪品种多

图1-27　乳制品制作的少司

乳和乳制品（图1-26）广泛使用在法国烹饪中，直接食用、制作少司（图1-27）或者菜肴。奶香浓郁，是法国菜肴的风味特色之一。

2. 少司多样、重视用酒

法国人最早对少司进行了科学总结、归纳，找到了其中的方法和规律，从而制作出大量的少司。法国的少司不仅种类最多，而且味道丰富、颜色多样，堪称"西方烹饪之冠"。

在法国烹调中，十分注重酒的使用，特别是葡萄酒的使用。在开胃菜、汤菜、主菜、甜品、少司等的制作中，常常用酒来除异增香。许多法国著名菜品，多使用了酒，如红酒蜗牛、普罗旺斯海鲜汤、红酒煨梨等。

3. 现代菜肴制作简洁、健康

法国传统菜肴，制作程序复杂，花费的时间较长。现代菜肴，则根据时代的发展需求，简化了制作过程，烹调中追求少油、清淡、天然。

4. 多种流派并存

法国菜的流派很多。总而言之，有三种主要风味流派：一是古典法国菜派系，起源于法国大革命前，是皇胄贵族中流行的菜肴，对烹调的要求十分严格，从选料到最后的装盘都要求完美无缺。二是家常法国菜派系，源于法国平民的传统烹调方式，选料新鲜、做法简单。三是新派法国菜派系，起源于20世纪70年代，在烹调上注重原汁原味、材料新鲜，口味比较清淡。

三、美国菜的特点

美国位于北美洲南部，辽阔的土地、肥沃的土壤、众多的河流湖泊，是美国菜形成与发展的物质基础。此外，美国是一个多民族国家。来自不同地区的人，给美国带来了不同的饮食文化和风俗。在这种独特的人文、地理条件影响下，美国菜呈现出多姿多彩的风格特色。

1. 烹调方法与调味特点

美国菜在烹饪技法上比较简单，调味追求自然、清淡。美国菜用料朴实、简单，制作过程也不复杂。比如沙拉的制作，常常选择蔬菜和水果比较多，制作的过程也非常简单。

2. 菜肴风格多样、时代感强

美国是一个多民族国家，在饮食上采取开放、兼容的思维和态度，因此美国菜既是各流派并存又相互借鉴和融合，变化速度快，时代感强。

四、西方其他风味流派

（一）德国菜

德国菜在西餐中以经济实惠而著称。它在原料上较多地使用猪肉，口味重而浓厚，菜肴分量足，土豆是常见的配菜（图1-28）。

（二）西班牙菜

西班牙菜有着明显的地中海特色，善于使用海鲜、橄榄油以及地中海的特色香料，烹法简洁，口味清新自然，菜式丰富多彩。现代西班牙菜，讲究材料和新式烹调方法的应用，也十分注重菜肴的造型（图1-29）。

图1-28 典型的德国主菜，有香肠、猪肘和土豆、酸菜

（三）俄罗斯菜

俄罗斯菜，主要指俄罗斯、乌克兰和高加索等地方的菜肴。由于地理位置和气候寒冷，俄罗斯菜在总体上具有油大和味浓的特点。它注重以酸奶油调味，菜肴具有多种口味，如酸、甜、咸和微辣等（图1-30）。

图1-29　现代西班牙菜点使用新奇手法制作和表现　　图1-30　鱼子酱是俄罗斯菜肴中著名的品种

思考题

1. 什么是西餐？

2. 简述西餐的特点。

3. 意大利菜、法国菜各有什么特点？

课外阅读

乡土风格的意大利原料

说到意大利菜，人们对它有许多赞誉和形容。有人称它为"欧洲烹饪的始祖"，有人认为它是"妈妈的味道"，而"妈妈的味道是世界最棒的味道"。还有人说，意大利菜是"平易近人"的，也有人说意大利菜是"豪情洋溢"的，如同意大利人一样。而在我们的教科书上，则常常写着，"意大利菜肴最注重原料的本质、本色，菜肴力求保持原汁原味"。

在我们面前，意大利菜如同它的地理地貌，似乎总是复杂而多样的，如果用一句话来形容"究竟什么是意大利菜？"，意大利人的回答是这样的——"在意大利没有意大利菜，有的只是地道的乡土菜"。

意大利人所说的乡土菜肴，指的是具有强烈地域特色的菜肴。公元1861年前，意大利并不是统一的国家，长久以来，这只深入地中海的"长靴"是由许多个不同的小国家组成的。在悠久的历史长河中，各自为政的不同小"国家"，经营着他们独有的文化。在这种独特的背景之下，意大利各地的烹饪枝繁叶茂地各自发展着属于自己的风味，耕耘着属于自己的菜肴。这其中，谁也不能否认地域特色分明的乡土烹调原料对意大利美食做出的巨大贡献。

现在，意大利有20个地区，每个地区都有自己众多而独特的烹饪原料。所以，当人们得知，面积并不广阔的意大利，竟有高达200余种面条、600多种的干酪、1 000多种的葡萄酒时，谁也不会感到惊奇。

在开发本地特色原料上，用"掘地三尺"来形容意大利人寻找原料的干劲，是一点都不为过的。闻名于世的白松露（Tartufo Bianco）就是典型一例。白松露一直都是皮埃蒙特区（Piedmont）人的骄傲。皮埃蒙特区位于意大利西北部，与法国和瑞士接壤，肥沃的土地被流过的数条河流灌溉，这里是各种野生菌的故乡，白松露就产于此。香气四溢的白松露价比黄金，不仅产量少，而且采集不易。白松露并不生长在土地上面，而是深埋在土里，用人的肉眼很难发现。聪明的皮埃蒙特人专门训练一种猪，通过这种嗅觉灵敏的猪来辨识香味，将白松露从地下挖掘出来。不过，用猪来采集白松露已经是过去的事了。现在皮埃蒙特人用训练的狗代替猪，因为猪也非常爱吃白松露，往往在未采收前，就将白松露吃掉了。白松露具有浓郁的香味，一般用专用的刨刀切成片，再烹调成各种高级菜肴。

除了出产白松露的皮埃蒙特区以外，拥有数不胜数特色原料的艾米利亚-罗马涅区（Emilia-Romagna），更是意大利的美食天堂。被认为是世界上最好火腿的帕尔马火腿（ParmaHam），就出产在这个地区。这种生吃的火腿，有着诱人的粉红色泽以及呈石云状分布的洁白的油脂。

"喂得肥嘟嘟的家猪，取最新鲜、最肥嫩肉后腿，由大师傅用刀背敲松，送上烧烤架。工人不停地翻滚着架子上的猪肉，等到整块肉烤得金黄带焦、饱含肉汁的时候，从炉子里取出来，趁热撒上细密的一层意大利干酪碎屑……"

这是意大利人认为的制作帕尔马火腿的最正宗过程，是一种十足的艺术过程。所以，意大利人一直固执地认为，帕尔马火腿香润多汁的口味，只能在意大利帕尔马乡间的手工作坊里，才可以找到。

而其他地方生产的，特别是美国人冰箱里面，标着"美国制造"的帕尔马火腿罐头，意大利人则十分不屑和鄙视："美国人用机器做出来的玩艺儿，也能吃吗？但愿他们别噎到！"

为了捍卫自己的特产，防止美国人糟蹋帕尔马火腿，2003年，在墨西哥举行的WTO会议上，由意大利和其他欧洲国家组成的欧盟，根据世界贸易组织《与贸易有关的知识产权协议》中，关于"原产地命名"和"地理标志制度"，即一个地区、特殊的地方或者国家，可以运用自己的地名来命名当地特有的产品的规定，把包括帕尔马火腿在内的41种"欧洲土特产的名字"，写到了提案上，要从美国人手里把这些香喷喷、令人垂涎欲滴的名字抢回来。

在这个提案中写到，"除了意大利帕尔马地区制作的手工火腿，其他地方按配方'拷贝'的熏火腿，都不能叫作'帕尔马火腿'……"。

除了诱人的帕尔马火腿，帕尔马干酪（Parmesan），也是艾米利亚-罗马涅区人的骄傲。帕尔马干酪，拥有近1000年的历史。这种干酪由牛奶制成，待牛奶凝固后，用布将它包上，再将水分挤出。在其后的纯天然制造过程中，还要经过一个特别的盐浴处理，再将帕尔马干酪储存最少18个月，使多余的水分慢慢挥散。制作成熟的帕尔马干酪，形状如同大圆案板，色泽金黄，具有浓烈的香味和幼滑质感。在意大利沿用了近十个世纪的手工制作中，每440升牛乳才可制成一件40kg的奶酪，所以有人将帕尔马干酪称为"干酪之皇"。

艾米利亚-罗马涅区闻名于世的特产，还有许多。比如黑醋（Balsamic Vinegar）。这里的蒙旦那（Mdena）镇出产世界上最好的黑醋。将100升意大利酒醋装入由优质橡木、樱桃木等制作的木桶内，在长达20年的陈酿过程中，醋与木桶香味互相作用，相互混合，水分自然蒸发和浓缩，最终酿成一升黑色并有着浓郁香味的传统意大利黑醋。沿用最传统最正宗酿制方法制作的这种巴尔萨米克桶酿黑醋，味道非常浓烈，在烹调时，只需数滴，即可香气四溢，因此也有些人也将它称为"香醋"。

与艾米利亚-罗马涅区一样，意大利的托斯卡区（Tuscany），也是美食的天堂。许多意大利人认为，托斯卡地区与艾米利亚地区共同分享着意大利烹饪的骄傲。质量上乘的烹调原料，在这里随处可见，比如著名的锲安尼那牛（Chianina）。这种白色的肉牛，肥嫩多汁，含胆固醇很少。托斯卡人极善烹调牛肉菜肴，牛排、牛肚、牛肝菜，都是当地的特色佳肴。幽默的托斯卡人说："除非点牛排时对侍者关照一声'做熟一点'，否则牛排的美味多汁，会吓你一跳！"

位于意大利西北角地区的威尼托区（Veneto），简直就是玉米的乐园。在这里，用优质玉米制作出玉米粥、玉米饼，香气浓郁，几乎可以配任何菜肴。而利古里亚区（Liguria）品种丰富的香草，被广泛使用在当地菜肴的调味中，形成利古里亚区独具一格的烹调特色。像用当地所产的橄榄油、罗勒、干酪和松仁调制出的热那亚绿色少司（PestoSauce），就是闻名世界的意大利经典少司之一。此外，翁布利亚和马尔凯区（Umbria & Marches）出产鲜嫩的小羊肉、猪肉，以及可与皮埃蒙特区的白松露相抗衡的黑松露；拉齐奥区（Lazio）出产的各种豆子；多山的阿布鲁佐和莫利泽区（Abruzzi & Molise）出产的散发着朴素乡土气息的火腿、干酪、香肠和腌肉。坎帕尼亚区（Campania）盛产的海鲜、上等的牛肉、质地优良的乳花干酪；普利亚区（Puglia/Apulia）优质的水果和橄榄；适合牧羊的巴西利卡塔区（Basilicata）出产各种味道厚重的乳制品、肉身呈深红色、布满白色圆点油脂的撒拉米香肠、腌肉、山区火腿以及辣椒；位于意大利脚尖的卡拉不利亚区（Calabria）则生长着郁郁葱葱的柠檬树、橄榄树和各种蔬菜，包括质量上乘的茄子。

当人们跨过墨西拿海峡，来到西西里岛（Sicily）时，这里的乡土原料，同样具有鲜明的特色。比如水瓜柳（Caper）。这种主要分布在地中海沿岸的灌木果实，以西西里岛所产的质量最佳。水瓜柳一般用醋腌制，颜色暗绿并带有幽香，非常适合菜肴和比萨的调味。意大利的另一个大岛——撒丁岛（Sardinia），有人戏称"羊比人多"，用当地特产的羊奶酪制作的甜点——羊酪派，为烤乳猪或是烤小羊羔、烤兔子、烤野味大餐写上一个完美的休止符。而喜欢维生素C的人，这里出产的种类繁多的水果，可以尽情地享用。

对于美食原料，生活在不同地区的意大利人，有着同样不懈的追求，由此造就了意大利烹饪的卓越魅力，进而成为意大利饮食文化的内涵之一。其中的丰富多彩，是绝不亚于文艺复兴的缤纷成就的。

第二章

西餐厨房

通过本章的学习，熟悉、掌握西餐厨房常用烹饪原料、设备和工具的种类、性能与用途。了解西餐厨房人员结构组成，以及传统西餐厨房的布局及其结构。

学习内容

第一节　西餐厨房原料

一、畜肉类

1. 牛肉

西餐根据肉的品质高低，一般把牛肉分为不同等级（图2-1），烹调时，根据肉质的不同特点，恰当选用。

特级肉，是指牛的里脊。这个部位很少活动，肉纤维细软，是牛肉中最嫩的部分。

一级肉，是牛的脊背部分，包括外脊和上脑两个部位，肉质软嫩，仅次于里脊，也是优质原料。

二级肉，牛后腿的上半部

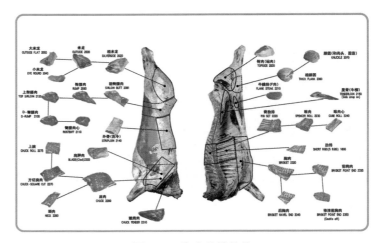

图2-1　牛肉分档结构

分是二级肉，其中包括米龙盖、米龙心、黄瓜肉、和尚头等部位。米龙盖肉质较硬，适宜焖烩；米龙心肉质较嫩，可代替外脊使用；和尚头肉质稍硬，但纤维细小，肉质也嫩。

三级肉，包括前腿、胸口和肋条。前腿肉纤维粗糙，肉质老硬。一般用于绞馅，做各种肉饼。胸口和肋条肉质虽老，但肥瘦相间，用来做焖牛肉、煮牛肉最为合适。

四级肉，包括脖颈、肚脯和腱子。这部分肉筋皮较多，肉质粗老，适宜煮汤和肉馅。

另外，西餐烹调也常选择小牛肉和奶牛肉。小牛是指出生后半年左右的牛。奶牛，是指出生后两个月以内的牛犊。这两种牛的肉质细嫩，汁液充足，脂肪少，在西餐中被认为是牛肉中的最上品，用来制作高档菜肴。

2. 羊肉

最常用的羊肉，以生长期在1年半左右，出肉率约20kg的绵羊最为理想。一般羊肉可分为3个等级（图2-2）。

一级肉，包括里脊、外脊和后腿，是羊肉中用途最广的3块肉，可用于煎、烤、焖多种烹调方法。

二级肉，包括前腿、胸口和肋骨。这部分肉较老。可做焖肉或煮汤。

三级肉，包括脖颈、肚脯和腱子。这3块肉筋皮较多，可用来绞馅做肉饼。

西餐也常用羔羊烹调菜肴，羔羊是指出生四五个月的绵羊。一般出肉率约10kg，肉质鲜嫩，是西餐中高档原料。西餐盛大宴会中，还常常烤整只小羊，以增添宴会的隆重气氛。

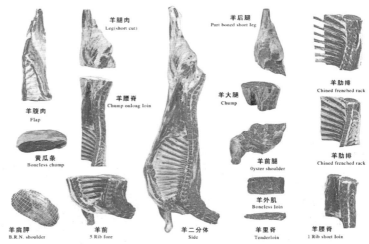

图2-2　羊肉分档结构

3. 猪肉

猪肉在西餐中，通常加工成火腿、培根、香肠等产品后，再用于烹调。相比牛肉，西餐厅中直接使用猪肉烹调菜肴的数量比较少，并且大多使用猪肉最嫩的部位，如里脊肉（图2-3）。

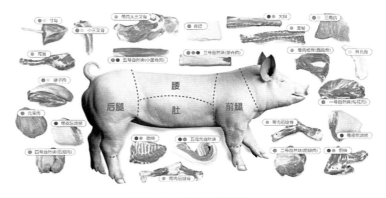

图2-3　猪肉分档结构

二、家禽类

1. 鸡

鸡（图2-4）在西餐中比较常用。对于烹调来讲，年龄在1年以上，体重约1.25kg的隔年鸡最为适用。当年鸡中以当年母鸡最为理想，肉质肥嫩。鸡脯和鸡腿可以同用，也能代替老鸡用。笋鸡也叫童子鸡或仔鸡，是指当年刚孵化不久的小鸡，以250~300g重的最为适用。这种鸡肉质极嫩。

在使用时，一般要按照鸡的不同部位分别选用。鸡脯和鸡里脊是鸡的主要部位。这部分肉筋很少，肉质白细，是鸡身的最好部位，适于煎、炸、烩等多种烹调方法。鸡腿筋较多，可用于焖、烩或煮汤。

2. 火鸡

火鸡又名吐绶鸡（图2-5），原产北美，是西餐中特有的烹饪原料。火鸡的各部位名称和鸡相同。火鸡的主要做法是烤。火鸡是西方国家在圣诞节必备的食品。

3. 鸭、鹅

鸭和鹅也是西餐菜中常见的原料。鸭的用量仅次于鸡，鹅用量较少。鸭和鹅的用途不如鸡广泛，但鸭与鹅一般都较鸡肥硕，味道非常浓郁，所以在餐席上它们是比鸡名贵的，常在比较高档的宴会中使用。

图2-4　散养鸡与笼养鸡　　　　　　　　　　图2-5　火鸡

三、水产类

1. 鳜鱼

鳜鱼俗称桂鱼（图2-6），又名桂花鱼、花鲫鱼，是西餐中名贵的鱼。鳜鱼肉质细嫩，没有土腥味。

图2-6　鳜鱼

图2-7　比目鱼

2．比目鱼

比目鱼（图2-7）鳞小皮厚，全身只有1根大刺，是出肉率高的一种鱼，肉质鲜美。

3．鲈鱼

鲈鱼（图2-8）肉质白细，但略有腥味，这种鱼产量较多，在西餐中用量很大。

4．三文鱼

三文鱼（图2-9）分布于太平洋北部，也产于中国黑龙江流域，肉色橘红，肉质肥美，是名贵的冷水性鱼类。

图2-8　鲈鱼

图2-9　三文鱼

5．沙丁鱼

沙丁鱼（图2-10）广泛分布于温带海洋中，是世界上重要的海产经济鱼类。由于沙丁鱼体形小、产量多，所以适宜做罐头。用沙丁鱼制作的罐头，肉质软烂，骨刺皆酥，常在西餐冷菜中使用。

图2-10　沙丁鱼

图2-11　龙虾

6. 虾蟹类

西餐常用的虾蟹类包括淡水小龙虾（Crayfish）、都柏林湾虾（Dublin Bay Prawn）、龙虾（Lobster）、大虾（Prawns）、虾（Shrimp）、中国龙虾（Crawfish）以及海蟹（Crab）等。

都柏林湾虾（Dublin Bay Prawn）：又称长臂螯虾、小龙虾，产于海水中。长有一对长而细的螯。

淡水小龙虾（Crayfish）：又称螯虾，主要生活在淡水中，有一对螯，虾体较小，虾壳呈暗红色，常见于法国菜，主要应用于炸或煮，是制作南塔酱、螯虾泥的主要原料。

龙虾（Lobster，图2-11）：主要产于大西洋，体型较大，具有一对粗大的螯，肉质鲜美。

大虾（Prawn）：体积中等，无螯，产于海水中。常见的品种如对虾、竹节虾等。

小虾（Shrimp）：体积比较小，无螯，产于海水中。品种很多。

海蟹（Crab）：海蟹的品种很多，如蜘蛛蟹（spider crab）、可食蟹（edible crab）、兰蟹（blue crab）等。蟹肉细嫩、鲜美。

7. 其他水产品

西餐常用的软体类有扇贝（Scallop）、牡蛎（Oyster）、贻贝（Mussel）、蛤（Clam）等。

扇贝（Scallop）：扇贝的闭壳肌十分发达，是食用的主要部位，质地细嫩、鲜美。干制后，称为"干贝"。

牡蛎（Oyster）：也称为蚝，外壳粗糙而不规则，上壳扁平，下壳呈碗状。品种很多，常根据产地命名。常用于生食。也可以用于扒、烤、煮、焗等。

贻贝（Mussel）：也称为淡菜。壳暗褐色，肉质呈橘红色。常用于沙拉、制汤和水煮。

蛤（Clam）：品种很多。

此外，西餐常用的水产品还有头足类和腹足类等，如鱿鱼（Squid）、墨鱼（Cuttlefish）、章鱼（Octopus）等。可用于烧、煨、炸、煮等方法，也常用于填馅。腹足类中比较常用的原料是蜗牛（Snail），一般用于开胃菜。

四、奶类

1. 牛奶

牛奶在西餐中用途非常广泛，除作为饮料外，还可以做汤和菜。

2. 酸奶

一般的酸奶，是牛奶经乳酸菌发酵后在凝乳酶的作用下形成半流质状的食品。营养价值较高，有助于消化，一般用于西餐早点。也可用于菜肴调味和点心的制作中。

3. 奶油

有鲜奶油和酸奶油之分。它们都是经过加工从牛奶中分离出来的，其主要成分是奶的脂肪和水分。

鲜奶油为乳黄色，呈流质状态，在低温下保存可呈半流质状态，加热可融化为液体，有一股清新芳香味。鲜奶油经乳酸菌发酵即成酸奶油。酸奶油比鲜奶油稠，呈乳黄色，有浓郁的酸奶制品的芳香味。

鲜奶油和酸奶油在西餐中作为调味品广泛，可用于各种汤、菜及饭点中。

4. 黄油

黄油（图2-12）是从奶油中分离出来的，但不是纯净的脂肪，常温下为浅黄色的固体。黄油极易被人体吸收，而且含有丰富的维生素A、维生素D及一些无机盐，气味芳香。黄油在西餐中用途很广，可直接入口，涂抹面包上，也可作为油脂或者增香调料用于汤、菜、点心中。

5. 干酪

又叫起司（英文cheese的译音）（图2-13）。是牛乳在蛋白酶的作用下浓缩、凝固，并经多种微生物的发酵作用制成的。干酪营养丰富，可以切片直接食用，也可以调制各种菜肴。

图2-12　黄油

图2-13　干酪

五、蔬菜水果类

1. 红菜头

红菜头也叫紫菜头（图2-14），外形像扁状的萝卜，皮薄，呈深褐色；肉紫红，色极浓艳；味微甜。主要产于俄罗斯，我国北方也有栽培。红菜头是红菜汤的主要原料，也用来做冷菜和配菜。

2. 生菜

生菜的种类很多。常见的有团生菜和尖花生菜两种。尖生菜，也称罗曼生菜，无明显的包心，叶片张开，状似鹿角，略带苦味。团生菜，也称结球生菜、西生菜等，外形有些像小棵的绿色圆白菜；此外，还有绿叶生菜、红叶生菜、菊苣、紫甘蓝等（图2-15至图2-20）。这些生菜清香爽口，适宜生吃。主要用于凉拌和配菜。

图2-14　红菜头

图2-15　罗曼生菜

图2-16　团生菜

图2-17　绿叶生菜

图2-18　红叶生菜

图2-19　卷叶菊苣

图2-20　紫甘蓝

3．辣根

辣根（图2-21）是一种草本植物的根，外皮较厚，呈黄白色，根肉洁白，味极辛辣。在西餐中，特别在日本料理中，主要用于调味。

4．洋葱、胡萝卜、芹菜

这三种蔬菜除用于制作菜肴外，在西餐中还普遍作为香料使用。使用时，这三种蔬菜，常常组合在一起，被称为密尔博瓦（mirepoix），用作汤、少司以及菜肴制作中的调味料。

5．水果类

（1）柠檬　柠檬（图2-22）是英文Lemon的译音。柠檬芳香，果汁极酸，在西餐中广泛用于调味。

（2）草莓　草莓也称洋莓（图2-23），味道较酸甜，汁液充足。草莓主要供生吃，也可制成草莓酱，作为甜点用，也常用于装饰。

图2-21　辣根　　　　　　图2-22　柠檬　　　　　　图2-23　草莓

六、调味品

1．番茄酱

番茄酱（图2-24）是用新鲜番茄加工制成的罐头制品，颜色赤红，较酸，保留鲜番茄的香气，番茄酱一般是用来做调味和增加菜肴的艳丽色彩，是西餐的重要调料之一。

罐头番茄酱开罐后就不宜在原罐中保存，以免氧化，可加同等体积的清水，并加适量的糖，用油在微火上炒至油色深红，然后存放起来，随时食用。

2．番茄少司

番茄少司是番茄酱经进一步加工制成的调味汁，大多是瓶装。番茄少司呈稀糊状，色泽深红，味道酸甜适口。可直接入口，也可用于调味。

图2-24　番茄酱

3．辣酱油

辣酱油是用多种原料配制的液体调味品，深棕色，味道以辣酸、咸为主，并有多种调味品的芳香味。辣酱油在西餐中，特别是英式菜肴中的作用，是用途很广的调味品之一。

4．咖喱

咖喱是英文Curry的译音（图2-25），是由多种香辛原料配制而成的调味品。咖喱粉色深黄，味香、辣、略苦，在西餐中，尤其是东南亚菜肴中广为使用。

5．胡椒粒、胡椒粉

胡椒是热带植物，其浆果干后变黑，称为黑胡椒（图2-26），去皮后称为白胡椒。常碾碎或磨成粉使用。胡椒味道辛辣芳香，其中黑胡椒味道尤浓，是西餐中普遍使用的调味品。

6．香叶

香叶是月桂树的叶，有浓郁的香气，略有苦味，多用于肉类原料的调味中。

7．丁香

丁香（图2-27）含有丁香酚等芳香物质，气味芬芳，在西餐中起到除异增香的作用。

图2-25　咖喱　　　　　　　图2-26　黑胡椒　　　　　　图2-27　丁香

8．百里香

百里香（图2-28）是西餐常用调料，茎、叶中富含芳香油，味道强烈，可以用于制作禽类、鱼类、蛋、香肠、沙拉、蔬菜、干酪以及添馅等烹调中。

9．鼠尾草

鼠尾草又叫水治香草，也称艾草（图2-29），鲜叶与干叶均可作香辛味调料，含芳香油达2.5%，因其香气浓郁，大都加在肉馅里，多用于鸡、鸭类和肉类等菜中。

图2-28　百里香　　　　　　　　　图2-29　鼠尾草

10．肉豆蔻

肉豆蔻又称肉果（图2-30），富含芳香油，常擦成碎末掺在肉馅内调味。用于制作肉类、土豆等菜肴以及西点中。

11．迷迭香

迷迭香（图2-31）味道辛辣微苦，常用于猪肉、羊肉、牛肉以及野味等菜肴的烹调中。

12．莳萝

莳萝（图2-32），也称刁草，或土茴香等，常用于鱼、沙拉、少司等制作中。也常用于菜肴的装饰。还常与醋一同用于腌制酸黄瓜等泡菜。

图2-30　肉豆蔻

图2-31　迷迭香

图2-32　莳萝

13．罗勒

罗勒（图2-33）又名紫苏，用于鱼、肉、沙拉等菜肴的制作，是意大利罗勒酱（pesto）的必需原料。

14．番芫荽

番芫荽（图2-34）也称为法香、洋香菜、荷兰芹、巴斯厘等，在西餐中的用途十分广泛，用于鱼、肉、汤、沙拉等菜肴的调香，也是法式混合调味香料的主要成分，除了用于调味外，还常用于菜肴的装饰。

图2-33　罗勒

图2-34　番芫荽

第二节　西餐厨房设备

现代西餐厨房使用了大量先进的设备，厨房专业化和标准化越来越强，大大减轻了厨房的手工操作的失误和烦琐。

西餐厨房中设备，大多使用电或者是煤气，在操作过程中具有一定的危险性。因此，在使用过程中，应先充分了解设备的操作程序和特点，严格执行操作规范，避免危险的发生。同时注意烹调的计划性，以便合理地使用设备，节省能量。

一、烹调设备

1. 炉灶

西餐烹调中，炉灶是最为重要的一种设备。厨房中炉灶可以分为3个种类。

（1）明火灶（图2-35）又称作煤气炉，加热速度快。主要用作煎、煮、烩、炒类菜肴的制作。

（2）扒炉　扒炉有平扒炉（图2-36）和坑扒炉两种（图2-37）。

图2-35　明火灶　　　　　　　图2-36　平扒炉　　　　　　　图2-37　坑扒炉

平扒炉表面是一块1~2 cm厚的平整的铁板，四周滤油，主要用电和燃气作为能源，靠铁板传热使被加热体均匀受热。

坑扒炉结构同平扒炉相仿，但表面不是铁板，而是铁铸造的铁条，主要用燃气、电和木炭作为能源，通过炉下面火的辐射热和铁条的传导，使原料受热。

（3）电磁灶　电磁灶（图2-38），与明火灶相比，无明火，无废气排放、而且锅具底部自身发热，能量转化利用率高，加热速度快。使用前应做好准备工作，切忌空锅干烧。

2. 烤箱

烤箱的用途多样，除烤制食物外，还可以在烤箱里炖、煮、蒸等。烤箱具有功率较大、烘烤速度快、密封性好、温控准确等优点。

常用烤箱是层架烤箱（图2-39），是由一层层的相对独立的空间叠在一起组成。烤盘放在烤箱板上，每层温度可调。

使用烤箱，应注意以下几点：①烤箱要充分预热，但不超时以节约能源。②在烘烤任何食物前，烤箱都需先预热至指定温度，才能符合指定的烘烤时间。烤箱预热约需时间，不足的话可能会未达到指定温度，若烤箱预热或空烤太久，也有可能影响烤箱的使用寿命。③中途不要停炉或者非必要时打开烤箱。④注意食物间的空隙，以便热量流通循环。

3. 炸炉

炸炉（图2-40）一般以电、气为能源加热，其内有恒温装置，可以通过调节温度，使原料保持在所需的温度上。除普通炸炉外，自动炸炉，可以把炸好的食物拿出来；高压炸炉，利用高压密闭的炸盒内炸制食物，低温也可以炸好食物。

炸炉使用时，应注意油要没过刻度线，若往炸炉中添加固体脂肪时，需要将温度调到120℃，使得熔化后的脂肪能够淹没食物，同时用温度计定期检查油温。

炸炉清洗时，应注意使用柔和型洗涤剂刷洗内部，刷洗后用清水冲洗，擦干并晾干炸槽，加热器和炸框，再重新装上倒出的油或新油。

图2-38　电磁灶

图2-39　层架烤箱

图2-40　炸炉

4. 蒸汽蒸煮器

蒸汽蒸煮器，烹调时间短，食物中的营养成分流失较少。蒸汽蒸煮器种类较多，西餐厨房中常用的是压力蒸柜。压力蒸柜分为高压蒸柜和普通蒸柜两种。

高压蒸柜（图2-41），高压每平方英寸受力15英磅，低压每平方英寸受力4~6英磅。压力蒸柜上装有计时器，达到所需要的温度可自动关闭，只有压力回到0时，门才能被打开。

普通蒸柜，也称作对流蒸柜（图2-42），是利用电、燃气发热，蒸煮食物的大型厨房设备。为了方便移动，在设备下方安装有万向轮，外形似车。

使用蒸柜前，必须安装漏电保护开关，检查电器线路，外壳要有效接地，接线要牢固。使用前将机器安放平整，接上输入蒸汽

图2-41　高压蒸柜

图2-42　普通蒸柜

管道，将食物盘等放进箱内，加入部分清水，送电（或蒸汽）经30min能达到良好的消毒作用，然后放入食物原料。

二、加工设备

1. 搅拌机

搅拌机（图2-43），是西餐厨房中常用的加工设备，用途广泛，可以对多种食物进行搅拌或加工。其工作原理，是靠搅拌杯底部的刀片高速旋转，把食物反复搅拌。搅拌机一般有3种搅拌转速，并配有钢丝搅蛋器，拍形搅拌器及螺旋和面器。可用于搅拌奶油，蛋糕液，馅料及和制面团等操作。

搅拌机操作使用时要求电源插座应有可靠的接地线，电源电压与额定电压相符。同时应根据被搅拌物选择正确的搅拌器具和搅拌速度。搅拌面粉时使用蛇形搅拌杆（图2-44），选择I档低速；拌馅混料时使用拍形搅拌器（图2-44），选择Ⅱ档中速；搅拌蛋液时使用花蕾形搅拌器（图2-44），选择Ⅲ档高速。

图2-43　立式搅拌机

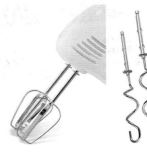
图2-44　蛇形搅拌杆、花蕾形搅拌器、拍形搅拌器

2. 切碎机

切碎机又称粉碎机（图2-45），主要利用旋转桶内快速旋转的刀片，将放入其中的原料切碎，适用原料广泛。应注意机器转动时避免把手伸进机器里。

3. 切片机

切片机（图2-46）在西餐厨房中应用较多，利用切片机片出的食物，比人工制作的更加均匀，厚薄一致。切片机主要适合切无骨肉类以及蔬菜等。

图2-45　切碎机　　　图2-46　切片机

三、保存与储藏设备

1. 热食品的保温设备

使食品保温的设备多样，这一类设备的共性就是使食物的温度保持在60℃以上，同时防止细菌生长。

（1）蒸汽台 蒸汽台又称保温台（图2-47）是西餐中常使用的保温设备。

（2）汤炉 汤炉（图2-48）是一个大的热水槽，装食物的器皿，被放置在浅水池的架子上，池子里的水用电、煤气或蒸汽加热。

图2-47 蒸汽台

图2-48 汤炉

（3）红外线灯 红外线灯（图2-49）使用辐射热来保温食物。它可以使盘中的食物保温，也可以使大块烤制的食物保温。不过，使用红外线灯照射下，食物容易很快变干。但对于薯条等油炸食物而言是有利的。

2. 冷食的储存设备

冷藏设备要求食品保存在4℃以下，防止微生物成长，食品变质。冷食的储存设备中最常见的是冰箱，主要用来冷藏或冷冻食物。其类型多种多样，常见的有冷柜和冰箱（图2-50）等类型。

西餐厨房中，要高效地利用冰箱或冷藏箱必须注意以下几点：①箱内食品的摆放要留有缝隙，不能贴冰箱内壁，以利于冷气流通。②关严门，拿取食品时要快速开、关。③储存在冰箱里的食品要盖好、包好，防止变干或串味。

图2-49 红外线灯

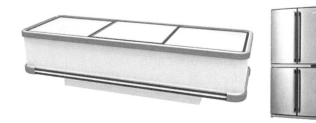

图2-50 冷柜和冰箱

第三节　西餐厨房工具

一、锅、盘类

1. 汤锅

汤锅是一种体积大、两边垂直的深锅，用来熬制高汤（图2-51）。带龙头的汤锅（图2-52）可以不将锅拿起就能放尽锅内的水，保留其中的固体物质。

2. 少司锅

少司锅是圆形中等深浅的锅（图2-53），通常用来制作少司或其他液体食物。

3. 炖锅

炖锅是宽口两边垂直，重而浅的锅（图2-54），用来炖肉等。

图2-51　汤锅　　　　图2-52　龙头汤锅　　　　图2-53　少司锅　　　　图2-54　炖锅

4. 少司平底锅

少司平底锅与小型浅底轻巧的少司锅类似，没有两边的圆环把手，而是有一个长把（图2-55），多用于一般少司的调制。

5. 直边炒盘

两边垂直的炒盘（图2-56），此锅用于炒、煎、菜肴上色等，因其面宽，水分蒸发快又多用于制作少司或其他液体食物。

6. 斜边炒盘

斜边炒盘亦称作煎盘（图2-57），多用于炒或煎肉、鱼、蔬菜和蛋类食物，厨师可以因为斜边而方便抛翻菜品或盛装菜品。

7. 铸铁锅

铸铁锅是底厚体重的煎盘（图2-58），多用于煎制需要热量稳定均匀的菜肴。

8. 平底盘

平底盘是长方形浅盘（图2-59）用于制作蛋糕或面包，也可以用来烤肉或烤鱼等。

9. 双层蒸锅

双层蒸锅分为上下两层（图2-60），其下一层与汤锅相似，装热水，上一层装食物，用水蒸气加热食物。

图2-55　少司平底锅

图2-56　直边炒盘

图2-57　斜边炒盘

图2-58　铸铁锅

图2-59　平底盘

图2-60　双层蒸锅

10. 烤面点盘

烤盘是长方形盘，约深2英寸（图2-61），用于烤制面点，有不同型号的烤盘。

11. 烤肉盘

烤肉盘是更深更大更重的长方形盘（图2-62），用于烤肉或烤禽类等。

图2-61　烤面点盘

图2-62　烤肉盘

二、各种测量工具

1. 秤

西餐食谱中主配料以重量为单位计量，常使用台秤或天平秤称量重量（图2-63）。

2. 量筒

量筒用来称量液体的体积，顶部有斜边易于倾倒。

3. 量杯

西餐厨房中有诸如1杯、1/2杯、1/3杯、1/4杯4种型号的量杯，既可以称量液体，也可以称量固体（图2-64）。

4. 量勺

量勺用来称量少量的物质，可以分为1汤勺、1茶勺、1/2茶勺和1/4茶勺4种型号，多用来称量各种调味料（图2-65）。

图2-63　台秤

图2-64　量杯

图2-65　量勺

5．温度计

西餐厨房中用于测量温度的工具有三种（图2-66至图2-68），①肉温温度计；②速读温度计；③油脂温度计。

图2-66　肉温温度计

图2-67　速读温度计

图2-68　油脂温度计

三、手工工具、小型设备

1．挖球勺

挖球勺（图2-69）刀片为小杯子状，呈半球形，用于蔬菜水果挖成小球形。

2．厨叉

厨叉（图2-70）长柄、两齿的叉子，分量重，用于叉起或翻转肉类食物等。

3．弯铲

弯铲（图2-71）宽刀片，主要用于鸡蛋、薄饼或肉的翻转或盛装。

4．塑料扁铲

塑料扁铲（图2-72），也称为搅板，长柄宽头，用于搅拌等，多由橡胶塑料或者木头制成。

5．派铲

派铲（图2-73），主要用于将派从锅中铲出。

6. 车轮刀

车轮刀（图2-74）带柄、刀片可以旋转的圆形刀具，主要用于切面团或烤熟的比萨等。

7. 夹子

夹子（图2-75）弹性剪刀型工具，主要用于夹取和处理食物。

8. 撇沫器

撇沫器（图2-76）长柄微呈勺形，可以过滤食物，用于撇去液体食物中的浮沫或固体碎屑等。

9. 不锈钢勺

不锈钢勺（图2-77）用来搅拌和使用。

10. 蛋抽器

蛋抽器（图2-78）是不锈钢丝卷成环状固定在柄上的一种工具。

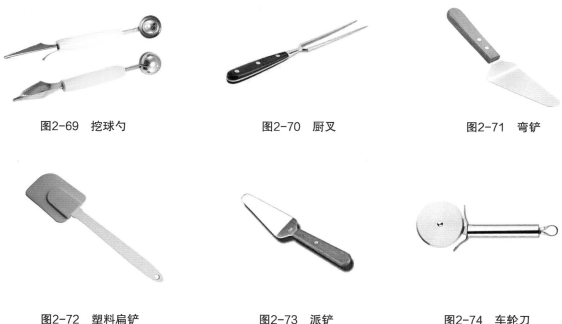

图2-69　挖球勺　　　　　　　图2-70　厨叉　　　　　　　图2-71　弯铲

图2-72　塑料扁铲　　　　　　图2-73　派铲　　　　　　　图2-74　车轮刀

11. 细滤网

细滤网（图2-79）是筛孔比较细的一种滤网，可以用于清亮液体的食物。

12. 筛网

筛网（图2-80）是由网眼状或筛孔状金属片制成的，可用来过滤面食或蔬菜的工具。

13. 筛子

筛子（图2-81）底部为网状筛孔，用于筛面粉和其他干配料。

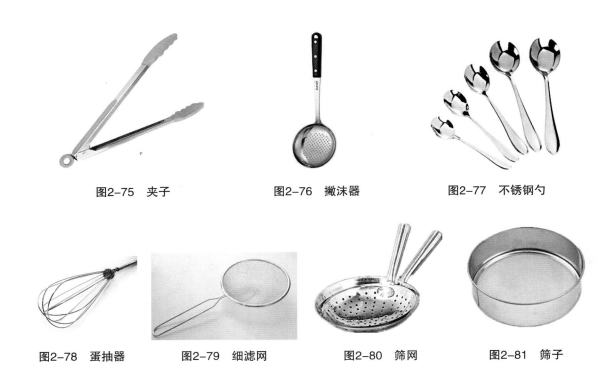

图2-75　夹子　　　　　图2-76　撇沫器　　　　　图2-77　不锈钢勺

图2-78　蛋抽器　　图2-79　细滤网　　　图2-80　筛网　　　图2-81　筛子

第四节　西餐厨房结构

一、西餐厨房的人员结构

1．影响西餐厨房组织结构的因素

西餐厨房组织结构的目的，就是明确分工，使各项分工得以快速、有效、适时地完成。影响厨房组织结构的因素如下：

（1）菜单　菜肴的种类，决定了需要完成的工作性质。菜单是整个西餐厨房运作的基础。厨房的组织结构依赖于菜单内容，合理有效的组织结构有利于菜单的实施。

（2）餐厅的种类　不同的餐厅类型有其相应的厨房组织结构，诸如：高级餐厅、大餐厅以及快餐店、外卖店等。

（3）营运规模　餐厅面积的大小，顾客的人数，产品生产量大小，客人需要产品的数量等反映了餐厅的营运规模，同时影响到厨房组织结构的设置。

（4）设施设备　西餐厨房的设备设施的制备能力，以及设施设备的先进程度等，这些因素同样会影响厨房组织结构的设置。

2．西餐厨房人员的构成

一般西餐厨房（包括饼房），一般由以下人员组成：

（1）主厨及其主要职责　主厨负责西餐厨房和饼房的全面工作；督导员工，安排对餐厅的所有食品供应并检查其质量，对厨房烹调技术、清洁卫生、安全工作负有重要责任；负责协调厨房与餐厅的工作。

（2）副主厨及其主要职责 副主厨是主厨在业务上的重要助手，要协助主厨做好各项工作，并主要负责点菜单的整理安排，分配食物调制任务，按次序供应食品。在主厨不在的情形下，行使其职责。

（3）炉头厨师及其主要职责 熟练掌握操作技术；制作具有各种特色风味的西餐，负责各种热菜原料和调料的准备，烹制各种热菜的少司。

在规模大，分工精细的西餐厨房中，往往将炉头厨师的职责一分为三：

头炉（No.1 SAUCE COOK）：在大厨领导下负责厨房中一切出品和宴会菜肴的烹调制作。

二炉（N0.2 SAUCE COOK）：根据顾客的要求，负责扒肉的扒制。

三炉（N0.3 SAUCE COOK）：负责各种汤酱配菜的烹制，协助头炉做好出菜工作。

（4）冷盘厨师及其主要职责 负责头盘冷菜、沙拉、水果及其少司等的制作。

（5）甜品师及其主要职责 负责制作开胃小吃、佐餐小菜和餐后甜品的制作，与冷盘厨师配合做好供应工作。

（6）切割师及其主要职责 负责砧板岗位上各种用料的领存加工；为头炉供应适合烹制的肉类食品原料；负责冷藏柜的保管和清洁卫生工作。

（7）面包师及其主要职责 负责面包原料的精选工作，控制面包生产工艺流程，按质量要求烘制并供应餐厅所需的各式面包。

（8）点心师及其主要职责 负责餐前、餐后及宴会所需的各种饼食、糕点、甜品等的制作和供应。负责宾客订制的节日蛋糕、礼品蛋糕、生日蛋糕、结婚蛋糕、特制蛋糕等的制作。

二、西餐厨房结构布局

西餐厨房的结构布局，是根据西餐厅的经营特点和资金的投入，对厨房的生产系统和各环节，进行整体的规划。西餐厨房的结构布局，包括厨房建筑和室内环境的总体布局，以及厨房各功能区域的面积分配、位置定位、餐厨设备的配置和安装等。

西餐厨房的结构布局，必须明确以下内容：

（1）厨房的类型、市场定位；

（2）厨房的规模、经费投入、空间格局和餐饮产品的特色；

（3）厨房各区域的工作流程；

（4）厨房设备的种类、数量、规格和型号的配置状况；

（5）厨房工作人员的素质和生产能力；

（6）厨房能源；

（7）厨房设计和布局所涉及的有关环保、卫生防疫和消防安全的政策。

从西餐厨房总体格局上看，西餐厨房由于菜肴加工烹制的工艺简单快捷，加工厨房设备的机械化程度高，所以厨房的面积一般占餐厅面积的30%～50%；随着餐厅面积的增大，厨房面积占餐厅面积的百分比将逐渐下降。

西餐厨房总面积确定后，再将总面积按照一定的比例进行分配，即根据各操作单元的工艺流程、承担的工作量和设备配置来确定厨房各操作单元的面积大小。例如，加工区占23%；切配、烹调区占42%；冷菜、烧烤制作区占10%；冷菜出品区占8%；厨师长办公室占2%；其他占15%。

随着西餐业的不断发展，现代的西餐厅不断扩大餐厅面积，尽量缩小厨房面积，以达到降低成本、获取更多利润的目的。随着食品加工业的兴起、原材料配送及时便捷，西餐的厨房设施已日趋小型化、功能化、明档明厨化。

思考题

1．了解西餐烹饪原料的特点。

2．西餐厨房常用设备有哪些？各有什么特点？

3．西餐厨房常用工具的种类有哪些？各有什么特点？

4．影响厨房组织结构形成的因素有哪些？

课外阅读

一、西餐就餐礼仪

在西方国家，即使用餐的来宾中有人在地位、身份、年纪方面高于主宾，但主宾仍是主人关注的中心。在排定位次时，应请男主宾、女主宾分别紧靠着女主人和男主人就座，以便进一步受到照顾。在排定用餐位次时，主位一般应请女主人就座，而男主人则须退居第二主位。主位所指的是，面对餐厅正门的位子，通常在序列上要高于背对餐厅正门的位子。

1．西餐座次安排原则

（1）恭敬主宾　在排定位次时，应请男主宾、女主宾分别紧靠着女主人和男主人就座，以便进一步受到照顾。

（2）女士优先　在西餐礼仪里，女士处处备受尊重。在排定用餐位次时，主位一般应请女主人就座，而男主人则须退居第二主位。

（3）以右为尊　在排定位次时，以右为尊依旧是基本方针。就某一特定位置而言，其右位高于其左位。

（4）面门为上　面对餐厅正门的位子，通常在序列上要高于背对餐厅正门的位子。

（5）距离定位　一般来说，西餐桌上位次的尊卑，往往与其距离主位的远近密切相关。在通常情况下，离主位近的位子高于距主位远的位子。

（6）交叉排列　用中餐时，用餐者经常有可能与熟人，尤其是与其恋人、配偶在一起就座，但在用西餐时，这种情景便不复存在。商界人士所出席的正式的西餐宴会，在排列位次时，要遵守交叉排列的原则。依照这一原则，男女应当交叉排列，生人与熟人也应当交叉排列。因此，一个用餐者的对面和两侧往往是异性，而且还有可能与其不熟悉。这样做，据说最大的好处是可以广交朋友。不过，这也要求用餐者最好是双数，并且男女人数各半。

2. 西餐宴席座次安排细则

在西餐用餐时，人们所用的餐桌有长桌、方桌和圆桌。有时，还会以之拼成其他各种图案。不过，最常见、最正规的西餐桌当属长桌。下面，就来介绍一下西餐排位的种种具体情况（图2-82）。这将更有助于理解和掌握排位的基本规则。

（1）长桌　以长桌排位，一般有两种方法。一是男女主人在长桌中央对面而坐，餐桌两端可以坐人，也可以不坐人；二是男女主人分别就座于长桌两端。

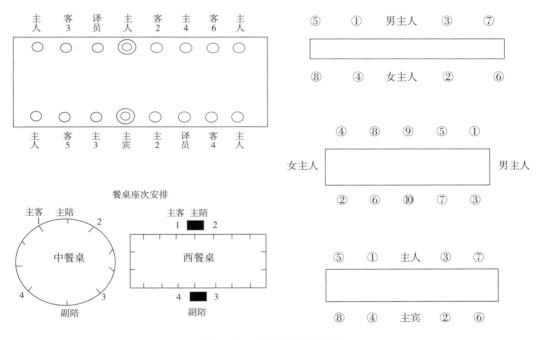

图2-82　西餐宴席座次安排

某些时候，如用餐者人数较多时，还可以参照以上办法，以长桌拼成其他图案，以便安排大家一道用餐。

（2）方桌　以方桌排列位次时，就座于餐桌四面的人数应相等。在一般情况下，一桌共坐8人，每侧各坐两人的情况比较多见。在进行排列时，应使男女主人与男女主宾对面而坐，所有人均与各自的恋人或配偶坐成斜对角。

（3）圆桌　在西餐里，使用圆桌排位的情况并不多见。在隆重而正式的宴会里，则尤为罕见。其具体排列，基本上是各项规则的综合运用。

（4）桌子是T形或门字形排列时，横排中央位置是男女主人位，身旁两边分别是男女主宾座位，其余依序排列。

二、中西饮食的选料比较

从中西餐饮在菜点选料所涉及的品种上分析，尽管两者所处的地理位置、气候物产有所不同，但双方都能够从自然界中，尽可能地获取食物资源，因此，两者的原料选择都比较广泛，而且大部分品种是一致的。

以植物原料中的粮食类为例，粮食类主要包括水稻、玉米、小麦、甘薯、小米、高粱、大豆，以及大麦、荞麦、青稞、赤豆、绿豆、扁豆、豌豆等。大部分的品种，中西餐饮都进行了选择和利用。比较西方的专著 The dictionary of American food and Drink（《美国食物饮料词典》）与中国的教材《烹饪原料学》等之后发现，除了个别品种外（如高粱、青稞等），在粮食类原料中，中西餐饮的原料品种选择基本是一致的。比较其他的植物原料，也有类似的情况。而在动物原料中，除了一些动物的内脏外，中西餐的原料选择也大体一致。

因此，从宏观上比较，中西餐在烹饪原料品种的选择上，涉及的内容非常广泛，包括了粮食类、蔬菜类、畜肉类、禽及禽蛋类、水产品类、干货类、调味品、动植物油脂、食品添加剂等。无论是中餐还是西餐，都能根据自身饮食特点、风俗习惯进行选择和运用。

然而，在中西餐选料的侧重点上，两者却存在较大差异，主要表现在以下两个方面：

1. 植物原料与动物原料的选择和使用

来源于畜牧文化的西餐，将原料选择和使用的重心偏于动物原料，注重动物原料的再制品的创造和发明。

从西方公元前后的文字记载来看，作为欧洲文明中心的希腊，其贵族的日常饮食中，各种肉类菜肴，如羊肉、牛肉、鱼类等是饮食摄入的主体。

尤其值得一提的是，在其后漫长的饮食历史中，西方创造了大量的奶类制品，并将它们广泛运用在烹调中。例如奶油、干酪、炼乳、黄油、酸奶等。每一个种类，又有许多不同的品种，仅干酪就有上百种之多。

西餐中，奶制品不仅品种多，应用也非常广泛。鲜奶除直接饮用外，在烹调中还常用来制作各种少司；也常用于煮鱼、虾或谷物等原料，或拌入肉馅、土豆泥中。在西点制作中，鲜奶也是不可缺少的重要原料。奶油，在西餐烹调中常用来增香、增色、增稠或搅打后装饰菜点。黄油不仅是西餐常用的油脂，还可以制作成各种少司，并常用于菜肴的增香、保持水分以及增加滑润口感。干酪常常直接食用，或者作为开胃菜、沙拉的原料，在热菜的制作中，常常加入干酪，起到增香、增稠、上色的作用。

此外，在实际操作中，西方特别重视和强调对肉类原料的认知和选择。在西餐中，不仅将肉类原料按照部位来分，还同时以颜色进行分类，以更加深刻了解肉的质地，进行更合理的烹调。

因此，在西方的烹饪教材中，对动物原料的讲解非常细致。这些西方烹饪教材，大多将动物原料分成浅色肉和深色肉两种。一般来说，畜肉类（不包括小牛肉）属于深色肉。禽类中鸡和火鸡的胸部和翅膀部分的肉，称为白肉，而鸡和火鸡腿部以及鸭、鹅的所有部位，属于红色肉。鱼类、水产品属于浅色肉。

西餐认为，肉的颜色不同，性质就不同，因此，在烹调中应采取相应的技术方法。比如，牛肉色泽最深，肉质相对粗老，口感浓烈，特别适合煎、扒一类的烹调方法以及黑胡椒少司等味道浓重、色泽比较深的少司。而鱼、海鲜等原料，质地细嫩、口味清淡，适合水煮、烩等烹调方法以及奶油少司等味道清雅、色泽比较浅的少司。

对于同种动物原料来讲，由于颜色的不同，采取的烹饪技术也有差异。鸡和火鸡的胸部和翅膀属于白肉，西餐认为，这部分肉含脂肪和结缔组织少，烹调时间要短。而其腿部以及鸭、鹅的所有部位是红色肉，这部分肉含脂肪和结缔组织比较多，烹调时间应长一些。

而来源于农耕文化背景的中餐，则将原料的选择和使用的重点，放在了植物原料上，创造并发明了大量植物原料的再制品。

在中国传统的饮食结构中，植物类原料所占的比重非常大。早在2000多年前的《黄帝内经》中，就对中国的膳食结构做了总结——"五谷为养，五果为助，五畜为益，五菜为充"。

在这个膳食结构中，不仅将谷物列为第一位，而且植物原料占有整个膳食的3/4。这说明，我国的饮食非常注重植物原料的选取和使用。

从我国古代的文字记载来看，比较欧洲的希腊贵族饮食，我国贵族饮食中，即使有一些肉类原料，但谷类原料仍占有相当的比重。以"周代八珍"为例，"周代八珍"，是周朝烹饪达到的最高峰。"八珍"就是八种提供给贵族们食用的最珍贵的菜肴。这八种菜肴，以"淳熬""淳母"为首。而"淳熬""淳母"，翻译成现代文字，就是两种以谷物为主，以肉类为辅的盖浇饭。其后的汉代，据史料记载，皇帝们的饮食也以粮食为主，以肉类为辅。

中国在漫长的饮食历史中，虽然不断地创造许多新的原料。但与西餐相比，以植物原料为基础创造的大量再制品，如豆腐、豆浆等豆制品、糯米粉、米线、面筋等米面制品，以及如面酱、豆瓣酱、酱油等调料，在西方烹饪原料中是没有的。大量植物原料的再制品是中餐原料的一大特色，也是中国对世界烹饪的重要贡献。

在中餐的烹调中，植物原料的运用范围非常广泛。除了少数菜肴外，大部分的中餐是荤素搭配，而且素菜占有中餐的相当比例。而在西餐中，虽然近些年，由于健康等原因，西方开始流行吃素食，但在传统上，纯粹的素食在西餐中是非常少见的。

2. 天然原料与干货原料的开发和利用

西餐的烹调，讲究原料的新鲜，重视原料自然本味。因此，在原料的选择上，追求天然原料的选择和使用。

以调味用的香草为例，在烹调中，中西餐虽然都使用香草来调味，但西餐大多使用新鲜香料，尤其是意大利烹饪和法国烹饪。

西餐中新鲜的调味香草非常多，常见的有：

——香叶（bay leaf）：月桂树叶子，气味芬芳，但略有苦味，多用于肉类原料的调味中。

——番芫荽（parsley）：也称为洋香菜、荷兰芹、巴斯厘等，用于鱼、肉、汤、沙拉等菜肴的调香，是法式混合调味香料的主要成分，除了用于调味外，还可以用于菜肴的装饰。

——百里香（thyme）：味道强烈，用途广泛，可以用于制作禽类、鱼类、蛋、香肠、沙拉、蔬菜、干酪以及馅料等烹调中。

——牛至（oregano）：又称阿里根奴等，在地中海地区应用广泛，常用于少司的制作。

——罗勒（basil）：又名紫苏，用于鱼、肉、沙拉等菜肴的制作，是意大利罗勒酱（pesto）的必需原料。

——龙蒿（tarragon）：也称为他拉根草等，用于鸡、鱼、蔬菜等菜肴的调味，也常将其浸泡在醋中，用于制作龙蒿醋等。龙蒿在法国菜肴中运用广泛。

——莳萝（dill）：也称刁草，或土茴香等，常用于鱼、沙拉、少司等的制作中。在美国菜肴中，常与醋一同用于腌制酸黄瓜等泡菜。

——薄荷（mint）：具有芳香与清凉感。新鲜的薄荷叶，常用于菜肴的装饰。

——迷迭香（rosemary）：味道辛辣微苦，常用于猪肉、羊肉、牛肉以及野味等菜肴的烹调中。

——马佐莲（marjoram）：用于味道浓的菜肴。

中餐也十分擅长使用香料，尤其是在卤菜、火锅的制作中。不过，中餐的增香调料大多是一些干制品，常见的有：

——八角：广泛用于烧、煨、炸、卤、炖、蒸等菜肴及腌腊食品的调味。

——山奈：具有增香、除异味的功效。其使用方法同八角。

——桂皮：气味芳香、甘、辛、微辣，具有增香、除异味的功效，其使用方法同于八角。

——小茴香：小茴香含有挥发性的芳香精油，具有增香、脱臭、除异味的功效，又是加工五香粉的主要原料。其使用方法同八角。

——草果：含有芳香性辛辣精油成分，具有增香脱臭的功效。常用于烧、卤、腌制牛羊肉等菜肴的调味。

——陈皮：为成熟的橘类果皮，经晒干而成，因入药陈久者为好，故称陈皮。陈皮含有柠檬醛、橙皮苷等挥发性精油成分，具有特殊芳香苦辛味，常用于烧、炖猪肉、牛、羊肉等菜肴的调味。

——花椒：具有麻的味感，通常用于川菜的调味。

——干红辣椒：新鲜辣椒干制而成。

——砂仁：又称缩砂密、阳春砂。砂仁含有龙脑、右旋樟脑等挥发性精油成分，具有特殊的芳香气味，常用作鸡、鸭、猪肉及内脏等的腌腊制品的香料。

这些常用于中餐调味的香料，在使用时，一般都是干制品。

此外，与西餐相比，在加工类的食物原料中，中餐的干货原料也非常多，几乎涵盖原料品种的各个大类。

比如，中餐的动物性干制品原料中就有鱼翅、干贝、鱿鱼、鲍鱼、蹄筋、咸蛋、海参、鱼皮、鱼干、金钩、松花蛋、糟蛋等。这些干货原料在西餐中很少使用。而植物性原料中，中餐的紫菜、海带、石花菜、黄花、玉兰片、莲子、百合、银耳、黑木耳、冬虫夏草等，也常加工成干制原料使用，这些干货原料，在西餐中也较少使用。

使用大量的干货原料，是中餐烹饪用料的一大特色。由此，也诞生了一种新的技法——干货原料的涨发。几乎所有的中餐培训教材都涉及了这部分内容，如在《中国烹饪工艺学》第二章第七节干货原料的涨发加工、《中国烹调工艺学》第五章干货原料涨发。不仅如此，中餐还根据干货原料的性能及干制过程发明了许多涨发的方法，如水发、碱发、油发、盐发四种。

第三章

西餐刀工工艺

学习目的

通过本章的学习，了解西餐刀工工艺的基本要求与工艺方法，熟悉西式刀工工艺中常见的工具，熟练掌握西餐常用的刀法以及常用原料的刀工成型。

学习内容

烹饪的原材料，自然形态复杂多样，烹调成菜前，大多需经过刀工技术处理，使其适合菜肴的成菜要求。刀工技术不仅决定原料的形状，而且对菜肴的色、香、味、形等方面也起着重要的作用。

总的来说，刀工的作用有以下几点：

1. 便于烹制

西餐刀工的主要作用之一，就是使原料便于烹调。西餐常用的动物原料，由于质地紧密，不易成熟，从而利用刀工技术，将原料切割成不同形状，使其便于均匀受热，快速达到需要的成熟度。例如，鱼肉可以加工成鱼柳、鱼排等多种形态，牛肉切成厚片状，土豆切成条或者片状，这些刀工处理后的原料，有利于烹调制熟。

2. 利于造型

原料刀工处理后，可以呈现不同的形态，具有不同的美感。例如，将土豆削成大、中、小型的橄榄状，可以搭配菜肴，能对菜肴起到装饰的作用。将鸡胸肉切割成带翅骨的形态，可以使菜肴造型更具立体感。将虾加工成蝴蝶形，既便于成熟，也具有美观的造型。

3. 便于食用

西餐菜肴的食用过程，虽然需要刀叉的第二次分割，但西餐的刀工技艺，仍然有很强的便于食用的作用。例如，西餐通常不会将原料切成细长形或细小形，因为细长或细小的原料，用刀叉食用非常困难。而在成型上，厚片、大块、粗条则是常见的形态，这些都是为了便于食用。

第一节　西餐常用刀工工具

西餐在原料的刀工处理中，使用的刀具非常多。不同的原料、不同的规格对应不同的刀具。西餐用刀的基本原则是：

1. 根据原料特点选择刀具

西餐刀具的使用，要根据原料的特点和性质选择刀具。例如，在切割韧性比较强的动物原料时，选择比较厚重的刀，如厨刀。切割质地细嫩的蔬菜和水果原料时，选择规格小、轻巧灵便的刀，如沙拉刀。

2. 刀工成型简洁、整齐

与中餐的刀工相比，西餐的刀工处理比较简单，刀法和原料成型的规格相对比较少。西餐的刀工成型，一般以条、块、片、丁为主，虽然成型规格较少，但要求刀工处理后的原料，整齐一致、干净利落。

西餐常用刀具及相关工具

1. 西餐刀（Chef's knife）

西餐刀是西餐厨房中最为常用的刀具（图3-1），用来切块、片、丁等形状的食物。西餐刀的规格很多，厨刀（Chef's knife），是主要的西餐刀。一般长约26cm，刀身比较宽，特别适宜切割肉类等质地柔韧的原料。沙拉刀（Salad knife）也是常用的西餐刀，比厨刀的规格小，轻巧灵便，一般长15cm左右，刀身比较窄，适用于切割蔬菜、水果等质地脆嫩的原料。

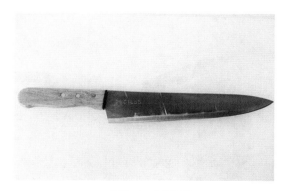

图3-1　西餐刀

2. 剔骨刀（Boning knife）

剔骨刀（图3-2）是形状长而尖的薄片刀，长约16cm。剔骨刀的刀身窄而硬，刀尖锋利，用于畜肉、禽类原料的剔骨和切片。

3. 切片刀（Slicer）

切片刀（图3-3）的刀身窄而长，主要用于切割熟肉类菜肴。

4. 锯齿刀（Serrated knife）

锯齿刀（图3-4），刀身窄而长，刀锋处有锯齿状，主要用于切面包、蛋糕等。

5. 砍刀（Butcher knife）

砍刀（图3-5）也称屠刀，刀身重，刀背厚，主要用于分割大块的动物原料，如砍骨头等。

6. 牡蛎刀（Oyster knife）

牡蛎刀（图3-6），刀片坚硬短小，刀钝无刃，用来打开牡蛎壳等贝壳。

7. 蛤刀

蛤刀（图3-7）刀片稍宽，坚硬，短小，用于打开蛤的壳。

8. 削皮刀（Vegetable Peeler）

削皮刀（图3-8），刀身短，刀身中部有缝隙，刀刃在缝隙的两侧，使用时旋转刀身就可以削掉水果、蔬菜的外皮。

9. 磨刀棒（Steel）

磨刀棒（图3-9）是表面粗糙的钢棒，通过刀刃在钢棒上的摩擦使刀刃锋利。

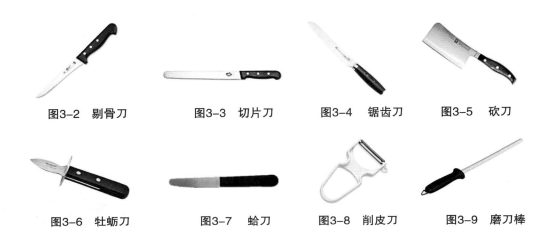

图3-2　剔骨刀　　　　图3-3　切片刀　　　　图3-4　锯齿刀　　　图3-5　砍刀

图3-6　牡蛎刀　　　　图3-7　蛤刀　　　　图3-8　削皮刀　　　图3-9　磨刀棒

10. 菜板（Cutting Board）

菜板（图3-10）一般以木材、塑料制成，呈长方形居多，刀工处理时用作衬垫工具。现代餐厅厨房，一般备有不同颜色的菜板，加工不同原料时，分开使用，避免交叉污染。

11. 擦板（Grater）

擦板在西餐中，是一种多用途的工具，可以将脆性的植物原料、奶酪等加工成丝、末、片等形状。

图3-10　菜板

第二节　西餐常用刀法

一、刀工的基本要求

刀工，是厨师的基本功。在了解和运用刀法前，需要掌握一定的刀工操作规范，以便能够专业地从事这项技术工作。

1．刀工操作前的准备工作

（1）刀工操作前，应保证操作台稳定、不摇晃。摇摆不稳的操作台容易造成人体伤害，降低工作效率。

（2）调整菜板，使菜板平整，垫好毛巾，确保菜墩在刀工操作时不滑动。

（3）注意操作台及周围与个人卫生。操作前，要洗手和清洗所用工具等，确保整个操作环境的卫生。注意切配生熟原料时要使用不同菜板，并分别放置，防止交叉污染。

（4）确保使用刀具等工具的锋利。俗话说"工欲善其事，必先利其器"，刀工操作者要保持刀具锋利，就要经常磨刀。

西餐磨刀常用磨刀棒。用磨刀棒磨刀时，从西餐刀的刀根或刀尖向另外一端磨，两侧磨匀一致，用力均匀。磨完刀后用水清洗干净，再用毛巾等擦干，防止生锈，确保刀具的卫生。

2．刀工的操作姿势

刀工是细腻且劳动强度较大的手工操作技术，合适的姿势是保证刀工质量的前提。

（1）操作时，要求两腿自然分开站稳，上身略向前倾斜，腰背挺直，目光注视双手操作部位，身体与案板保持约10cm（或一拳左右）的距离。

（2）一般右手握刀，左手按住原料，双手应紧密有节奏地配合。

（3）切原料时，左手弯曲，手掌压住原料，中指上端第一关节顶着刀身。

（4）刀不能抬得过高，否则容易切伤手指。

3．刀工操作时的要求

（1）刀工操作，要求厨师要有健康的身体，有耐久的臂力与腕力。

（2）操作时思想高度集中，脑、眼、手合一，双手紧密而有规律的配合，保证安全操作。

（3）熟悉各种刀法，根据不同原料的性质和菜肴要求，采用合适的刀法。

（4）注意操作姿势，操作时讲究卫生。

4．刀工时原料的使用要求及原则

刀工操作时，要求有计划地使用原料，遵循"量材使用、小材大用、物尽其用"的原则。同样的原料，选用合适的刀法，不仅能使成品美观，还能节约原料，降低成本。

二、常用刀法

刀法，是使用不同的刀具，将原料加工成不同形状时采用的各种不同的运刀技法。根据运刀时刀身与菜墩平面及原料的角度，一般分为直刀法、平刀法、斜刀法及其他刀法等。

1．直刀法

直刀法，是操作时刀刃向下，刀身与菜板成90°进行切割的运刀方法。直刀法是西餐中运用最为广泛的刀法，由于原料性质和形态要求不同，直刀法又可分为切、剁、砍等几种。

（1）切 切，是指刀与菜板和原料保持垂直的角度，左手按住原料，右手持刀，由上而下的一种运刀方法。

切时以腕力为主，小臂力为辅运刀。一般用于植物性原料与无骨动物性原料的切割。操作中根据运刀方向的不同，又可分为直切、推切、锯切、滚刀切，拉切、铡切等切法。

① 直切：又称跳切，是指运刀方向直上直下，刀与菜板方向垂直的运刀方法。

操作时右手持刀，运用腕力，带动小臂，左手按住原料。一般是左手弯曲，并用中指上端第一关节抵住刀身，与其余手指配合，根据切片规格，不断向后移动；右手持刀一刀一跳直切断料，双手密切配合。直切适用于脆性植物性原料。

② 推切：是刀的着力点在其中后端，刀与菜板或原料垂直，运刀方向由原料的右下方向左上方推进的切法。

操作靠手腕力量。从刀前端推刀后端，一刀到底切断原料。推切时，进刀轻柔有力，确保切断原料。西餐中，切肉常采用此刀法。推切适用于略有韧性的原料。

③ 锯切：又称推拉切，是运刀方向为前后来回推拉的切法。适用于质地坚韧或松软易碎的熟料。如大块牛肉、面包等原料。锯切下刀要垂直，不偏外、偏里，否则，不仅加工原料的形状、厚薄、大小会不一致，而且还会影响以后的下刀效果。

锯切时，下刀用力不宜过重，需腕灵活，运刀稳，收刀干脆。某些易碎、易裂、易散的原料，如下刀过重或者收刀过缓，会断裂散烂。另外，锯切时，对待特别易碎、裂、烂的原料，应适当增加切的厚度，以保证形状完整。

④ 滚刀切：也称滚料切，是指原料滚动一次切一刀的连续切法。适用于圆形或长圆形质地硬的原料。如萝卜、土豆、香肠等。

操作时左手按住原料，并按原料成型规格要求确定角度滚动，如大块原料滚动角度大，反之则小，右手下刀的角度与速度必须密切配合原料的滚动，滚动一次，切一刀。

⑤ 拉切：又称"拖刀切"，刀的着力点在刀的前端，指运刀方向有左上方向右下方拖拉的切法。适用于体积薄小，质地细嫩易裂的原料。操作时，先进刀再顺势向后方一拉到底。

⑥ 铡切：西餐刀的刀尖压在菜板上作为支点，将刀的中端或前端压住原料，然后再压下去的切法。

铡切时，右手握住刀柄，左手按住刀背前端，运刀时，刀跟着菜板，则刀尖抬起；刀跟抬起，则刀尖着菜板。刀根刀尖一上一下，反复铡切断原料。运刀时，双手配合，用力要均匀，恰到好处，以能断料为度。

（2）剁　剁，是指刀垂直向下频率较高地剁碎原料的刀法，或将原料剁松的刀法。剁时右手持刀稍高于原料，运刀时用手腕为主，带动小臂，刀口垂直向下反复剁碎原料。分为排剁与点剁。

① 排剁：刀与原料垂直，一般双手持刀，高效率地将原料切成蓉的方法。

② 点剁：是在原料表面用刀尖或刀跟剁数下，剁断相连的筋膜，使原料，特别是动物性原料在加热过程中不易变形、不易收缩。

（3）砍　砍，又称劈，指用砍刀用力向下将原料劈开的刀法。根据砍的力度不同，砍分为直刀砍、跟刀砍两种。

① 直刀砍：将刀对准要砍的部位，运用臂膀之力，垂直向下断开原料的方法。一般适用于体积较大的原料，如砍火鸡、火腿等原料。操作时右手必须紧握刀柄，将刀对准原料要砍的部位直砍下去。下刀准、速度快、力量大，以一刀断料为好。以"稳、准、狠"为原则。有骨的原料如反复砍，会容易出现碎骨的情况，不易被发现，最后影响菜肴的品质。

② 跟刀砍：是将刀刃先稳稳地嵌进要砍原料的部位，刀与原料一起落下，垂直向下断开原料的切法。一般适用于下刀不易掌握、一次不易砍断而体积又不是很大的原料。

2. 平刀法

平刀法又称片刀法，是使刀身平面与菜板面平行或接近平行的一类刀法。按运刀的不同手法，又分为平刀片、推刀片、拉刀片、推拉刀片。适用于加工无骨的原料。

（1）平刀片　刀身与菜板平行，刀刃从原料一端一刀平片至另一端断料。一般用于无骨细嫩的原料。操作时，持平刀身，进刀后控制好厚度，一刀平片到底。双手配合要好，左手按住原料的力度合适，右手持刀要稳，不能抖动，使原料断面尽量平整。

（2）推刀片　是指刀身与菜板平行，刀刃前端从原料右上角平行进刀，然后由右向左将刀刃推进，向前推进运刀片断原料的刀法。适用于体积小，脆嫩的植物性原料。操作时，持刀要稳，左手食指平按原料上，力度合适，右手推刀果断有力，一刀切断原料。

（3）拉刀片　是指刀身与菜板平行，刀刃后端从原料右上角平行进刀，然后从右向左将刀刃推进，运刀时向后拉动片断原料的刀法。其操作要领是，持刀要稳，刀身与原料平行，出刀有力，一刀断料；拉刀的着力点放在刀的前端，刀片进后由前向后片下来。

（4）推拉刀片　又称锯片，是推刀片与拉刀片合并使用的刀法。

3. 斜刀法

斜刀法，指刀身与菜板成斜角的一类刀法。按运刀方向不同又分为正斜刀法与反斜刀法。

（1）正斜刀法　又称内斜刀，指刀背向右、刀口向左、刀身与菜板成锐角并保持角度切断原料的方法。适用于韧性、体薄的原料。操作时，对片的薄厚、大小及斜度的掌握，主要根据原料的要求来切，靠眼睛观察双手的动作与落刀位置。

（2）反斜刀法　又称外斜刀法，指刀背向左、刀口向右，刀进原料后，由里向外运刀切断原料的方法。适用于脆性植物原料与易滑动的动物性原料。

4. 其他刀法

（1）削　是用刀平着原料，去掉原料表层的运刀方法。如削芦笋、苹果、梨等。

（2）拍（或砸）　用刀背或专用工具，将原料拍碎或拍松散砸的刀法。如拍蒜、拍牛柳等。

（3）剔　是指对带骨原料进行剔骨（图3-11）、剔肉等。

（4）挖　利用挖球器挖原料的一种方法。一般是圆形挖球器，将固体原料，如西瓜、番茄、南瓜等，挖成球状。

（5）刮　是用刀将原料表皮或者污垢去掉的运刀方法。如刮鱼鳞等。

（6）拔　使用特殊的工具，将原料（主要是鱼类原料）的鱼刺拔出（图3-12）的方法。

图3-11　剔骨

图3-12　拔鱼刺

第三节　西餐原料的刀工成型

原料大多需要经过一定的刀工处理，形成不同的形状后，才便于烹调和食用。西餐中原料的成型规格是多种多样的，常见的成型形状有末、小块、中块、大块、丝、条、粗条、片、滚刀、橄榄、旋花、球形、沟槽形。

一、块

使原料成块状，一般采用切、砍等刀法。

1. 切

质地松软、脆嫩的原料，可采用切的方法。如蔬菜类可以直接切；去骨原料可以用推切或者拉切的方法，切成各种形状。

切块时，一般先将原料的皮、瓤、筋、骨去掉，如原料块大，先切成条形，再切成块，如原料体型较小，即可直接切块。

2. 砍

对于质地较韧，或有皮有骨的原料及大块，可以采用砍的刀法使其成块。如各种带骨的鱼类、肉类等，可砍成块。原料体积、形体较大时，要先分段分块加工成为适于砍块的条形后，再砍成块状。

块的种类很多，西餐中有大块、中块、小块之分。

二、丁、粒、末

1. 丁

通常0.6~2cm见方的小块称为丁。丁的成型一般先将原料切成厚片，将厚片切成条，再将条切或斩成丁。丁的大小决定于条的粗细与片的厚薄。丁一般要见方。

2. 粒

形状较丁小，粒的刀工成形与丁相同。

3. 末

通常1~3mm见方的颗粒（小丁）称为末。一般是将原料剁、铡成细末，如肉末、欧芹末。

三、丝、条

1. 丝

切丝时，一般先将原料切片，然后把片排叠后切成丝。

将片排叠起一般有三种方法：①排成梯形，大部分原料适合排成梯形；②上下整齐排叠法，整齐叠切，适用于少数原料，如芝士片等；③卷筒形叠放，适用于面积较大、较薄的原料。如卷心菜等，可将其卷起再切丝。切丝的粗细与片的厚薄和切丝的刀距直接有关：片厚，刀距长则丝粗；片薄、刀距短则丝细。

2. 条

条的形状与切法都和丝相似。将原料先切成厚片，再将厚片切成条。

四、片

使原料成片状，可采用切和片两种刀法。

1. 切

切为最常用的制片法，适用于韧、细嫩的原料，如肉类可以采用推切或拉切的刀法；蔬菜类可以采用直切的刀法。

2. 片

片适用于质地较松软，直切不易切整齐或形状偏小，无法直切的原料。如鲜鱼类、鸡肉等原料（图3-13）。

图3-13　西餐切片

五、橄榄型

使原料成橄榄状，一般采用旋的刀法。旋出6个面，如胡萝卜橄榄。首先将胡萝卜切成段，再将断竖立，横竖各一刀将胡萝卜接切成4份，然后采用旋刀法，将每块胡萝卜均匀地旋出6个面，形成橄榄形状，要求表面光滑，棱角分明、清晰（图3-14）。

橄榄型根据不同规格，分为：

心肝橄榄（cocotte）：长4cm左右，横截面2cm

马尾肌橄榄（anglaiser）：长6cm左右，横截面3cm

图3-14　酥皮牛肉配橄榄形土豆和胡萝卜

古堡橄榄（chateau）：长6cm左右，横截面4cm

六、旋花

主要适用于白蘑菇。将小刀的刀尖顶在蘑菇的中点上，用腕力压动刀刃，顺时针方向在蘑菇盖上依次刻出沟槽。

七、球形

用蔬果挖球器从蔬果中挖出圆形的小球。

八、沟槽形

用雕刻刮槽刀，在原料表面刮出均匀的V形槽，再切成圆片或半圆片。

第四节　西餐刀工训练

一、植物性原料的刀工训练

（一）植物原料切末训练

切末前，一般要先将原料（图3-15）切成丝，再将原料转90°，用整个刀身将原料切成末。

1．洋葱切末（图3-16）

（1）训练目的　熟练掌握洋葱等相似形状原料的切末技术

（2）训练工具　菜板，厨刀，蔬菜刀，盛菜盘，码斗等

（3）训练原料　洋葱或分葱

（4）训练步骤

① 洋葱洗净后，剥去老皮；

② 将洋葱纵切成两半，刀口向下，平放在菜板上；

③ 刀沿洋葱纹理方向切片（根部相连）；

④ 平片3~4刀；

⑤ 用直刀法，将洋葱切碎；

⑥ 可用铡切方法将原料进一步切碎。

图3-15　形态各异的植物原料

图3-16　洋葱切末

2．西芹切末（图3-17）

（1）训练目的　熟练掌握西芹等相似形状原料的切末技术

（2）训练工具　菜板，厨刀，盛菜盘，码斗等

（3）训练原料　西芹

（4）训练步骤

① 将老、黄的叶子择除，西芹梗留用；

② 用去皮刀削去老皮；

③ 用厨刀沿纹理方向将西芹切成丝；

④ 将丝旋转90°切碎。

图3-17　西芹

3．蒜切末（图3-18）

（1）训练目的　熟练掌握蒜等相似形状原料的切末技术

（2）训练工具　菜板，厨刀，小刀，盛菜盘，码斗等

（3）训练原料　蒜

（4）训练步骤

① 用刀将蒜轻轻压破，剥去蒜外皮，切去根部；

② 用刀背将蒜拍碎；

③ 用左手按住厨刀刀尖做支点，右手握刀柄上下轻轻按动，将蒜进一步铡切成蒜末；

④ 蒜末可用油或水浸泡，放置备用。

图3-18　蒜

4．番芫荽（欧芹）切末（图3-19）

（1）训练目的　熟练掌握番芫荽（欧芹）等相似形状原料的切末技术

（2）训练工具　菜板，厨刀，盛菜盘，码斗等

（3）训练原料　番芫荽

（4）训练步骤

① 将番芫荽叶子撕下，不要梗，只要叶，然后洗净，甩干水分；

② 将番芫荽叶捏成团；

③ 用刀将团第一次切碎；

④ 一手按住刀尖做支点，一手轻轻握刀柄上下按动，将其再次均匀切碎。

图3-19　番芫荽切末

5. 细香葱切末（图3-20）

（1）训练目的　熟练掌细香葱等相似形状原料的切末技术

（2）训练工具　菜板，厨刀，盛菜盘，码斗等

（3）训练原料　细香葱

（4）训练步骤

① 细香葱洗净，择去老的外皮，将葱的前端对齐；

② 切成合适长度，再对齐；

③ 一手按住葱段，一手持刀将葱切碎。

图3-20　细香葱

6. 番茄切碎（图3-21）

（1）训练目的　熟练掌番茄等相似形状原料的切末技术

（2）训练工具　菜板，厨刀，盛菜盘，码斗等

（3）训练原料　番茄

（4）训练步骤

① 将番茄洗净，去蒂；

② 在番茄顶上划上十字刀纹；

③ 将番茄放在沸水中焯水约20s，取出冲冷水，去皮；

④ 将番茄切片去籽；

⑤ 将番茄片切丝；

⑥ 将丝切碎。

图3-21　番茄

7. 胡萝卜切碎（图3-22）

（1）训练目的　熟练掌胡萝卜等相似形状原料的切末技术

（2）训练工具　菜板，厨刀

（3）训练原料　胡萝卜

（4）训练步骤

① 将胡萝卜洗净，然后去皮；

② 将胡萝卜切成薄片；

③ 将片叠起，再用刀将片切丝；

④ 将丝切碎即可。

图3-22　胡萝卜切碎

（二）植物原料切块训练

1. 马铃薯、洋葱、胡萝卜、红菜头、萝卜、茄子、根芹切块

（1）训练目的 熟练掌握马铃薯、洋葱、胡萝卜、红菜头、萝卜、茄子、根芹的切块技术

（2）训练工具 菜板，厨刀，盛菜盘，码斗等

（3）训练原料 马铃薯、洋葱、胡萝卜、红菜头、萝卜、茄子、根芹等原料

（4）训练步骤

① 原料洗净后去外皮；

② 先将原料切厚片；

③ 再将厚片切粗条状；

④ 最后将条切成方块。

2. 番茄等原料切块

（1）训练目的 熟练掌握番茄等相似形状原料切块技术

（2）训练工具 菜板，厨刀，盛菜盘，码斗等

（3）训练原料 番茄等原料

（4）训练步骤

① 原料洗净后去外皮；

② 将番茄横向切成两半；

③ 将番茄去籽；

④ 将番茄肉切成厚片；

⑤ 最后将番茄厚片旋转90°，将其切成方块。

（三）植物原料切丝训练

1. 韭葱、洋葱、分葱等原料切丝

（1）训练目的 熟练掌握韭葱 洋葱、分葱等相似形状原料切丝技术

（2）训练工具 菜板，厨刀

（3）训练原料 韭葱、洋葱、分葱等原料

（4）训练步骤

① 原料洗净然后除去外皮，切成段；

② 用厨刀在中间纵向对剖；

③ 沿纹理方向切丝即可。

2. 青椒、甜椒等原料切丝（图3-23）

（1）训练目的 熟练掌握青椒、甜椒等相似形状原料的切丝技术

（2）训练工具 菜板，厨刀，盛菜盘，码斗等

（3）训练原料 青椒、甜椒等原料

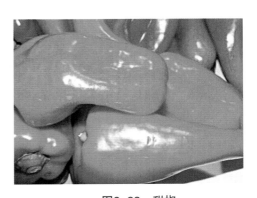

图3-23 甜椒

（4）训练步骤

① 原料洗净，用厨刀切去蒂，然后将青椒纵向剖开，去籽；

② 再将青椒切成片；

③ 最后将片切成丝。

3. 生菜、卷心菜等原料切丝（图3-24）

（1）训练目的　熟练掌握生菜、卷心菜等相似形状原料的切丝技术

图3-24　生菜

（2）训练工具　菜板，厨刀，盛菜盘，码斗等

（3）训练原料　生菜、卷心菜等原料

（4）训练步骤

① 原料洗净；

② 将原料撕或者切成片；

③ 将片叠加起来或卷起后切丝。

4. 马铃薯、胡萝卜、萝卜等原料切丝

（1）训练目的　熟练掌握马铃薯、胡萝卜、萝卜菜等相似形状原料的切丝技术

（2）训练工具　擦菜板或菜板，厨刀，盛菜盘，码斗等

（3）训练原料　马铃薯、胡萝卜、萝卜菜等原料

（4）训练步骤

① 原料洗净，然后去皮；

② 将原料修整后用擦菜板或直接用刀切成片；

③ 将片叠起来后切丝。

5. 西芹切丝

（1）训练目的　熟练掌握西芹等相似形状原料的切丝技术

（2）训练工具　菜板，厨刀，盛菜盘，码斗等

（3）训练原料　西芹等原料

（4）训练步骤

① 原料洗净，去皮筋；

② 将西芹切成薄片；

③ 将片沿着纹理方向切丝。

（四）植物原料切片训练

马铃薯、胡萝卜、萝卜等原料切片

（1）训练目的　熟练掌握马铃薯、胡萝卜、萝卜等相似形状原料的切片技术

（2）训练工具　菜板，厨刀，盛菜盘，码斗等

（3）训练原料　马铃薯、胡萝卜、萝卜等原料

（4）训练步骤

①原料洗净，去皮；

②先将原料切块，再切成片，或者用擦菜板直接切成片。

片的成型一般有3种，以马铃薯为例：

薄片：一般按照马铃薯自然形状切片，片长约8cm，宽4~5cm，厚1mm，主要用于炸薯片。

厚片：将马铃薯去皮后，滚刀切成横截面5cm左右的圆柱形，再横切成厚3~4mm的片，可用煎、烤、炸、煮、铁扒等方法加热成熟，主要用于做配菜或制作蓉汤。

华夫薯片：用擦板等特殊工具加工而成的网状薯片，通常炸熟后配菜。

（五）植物原料切条训练

马铃薯、胡萝卜、萝卜等原料切条

（1）训练目的　熟练掌握马铃薯、胡萝卜、萝卜等相似形状原料的切条技术

（2）训练工具　菜板，厨刀，盛菜盘，码斗等

（3）训练原料　马铃薯、胡萝卜、萝卜等原料

（4）训练步骤

① 原料洗净，去皮；

② 先将原料切块，再切成片，或者用擦菜板直接切成片；

③ 将片叠加起来后再切条。

条的规格有多种：

粗条1：长7~8cm，横截面1~1.2cm

粗条2：长5~6cm，横截面0.6cm

细条1：长7~8cm，横截面0.7~0.8cm

细条2：长2.5~5cm，横截面0.3cm

（六）植物原料切丁训练

马铃薯、胡萝卜、萝卜等原料切丁

（1）训练目的　熟练掌握马铃薯、胡萝卜、萝卜等相似形状原料的切丁技术

（2）训练工具　菜板，厨刀，盛菜盘，码斗等

（3）训练原料　马铃薯、胡萝卜、萝卜等原料

（4）训练步骤

① 原料洗净，去皮；

② 先将原料切块，再切成片，或者用擦菜板直接切成片；

③ 将片叠加起来后切条；

④ 最后将条切成丁。

丁一般有1cm、0.5cm、0.2cm见方等几种规格，可用于焖烩菜肴、作汤、制馅等。

（七）植物原料切其他形状训练

1. 橄榄形

（1）训练目的　熟练掌握马铃薯、胡萝卜、萝卜等原料的加工技术

（2）训练工具　水果刀，雕刻刀，盛菜盘，码斗等

（3）训练原料　马铃薯、胡萝卜、萝卜等原料

（4）训练步骤

① 原料洗净；

② 切成符合要求长度的段；

③ 原料纵切成两块或四块；

④ 取其中一块，采用旋刀法从原料上端成弧形削至低端，即左手持原料，右手持刀从原料的顶端，呈弧线切割；

⑤ 采用旋刀法，将其他原料也削成6面的橄榄形或鼓形。

2. 旋花

（1）训练目的　熟练掌握白蘑菇等原料的加工技术

（2）训练工具　水果刀，雕刻刀，盛菜盘，码斗等

（3）训练原料　白蘑菇等原料

（4）训练步骤

① 在白蘑菇菌帽的中心处用小刀划出十字作为中心点，左手持原料，右手握刀；

② 刀刃顶在中心点上，用腕力压动刀刃，从原料顶端向下压刀，顺时针方向在菌盖上依次刻出纹理。

3. 球形

（1）训练目的　熟练掌握挖球的加工技术

（2）训练工具　挖球器，盛菜盘，码斗等

（3）训练原料　西瓜、哈密瓜等形状相似的原料

（4）训练步骤

① 原料洗净；

② 原料切开，用专门的挖球器，在果肉上挖出球形的小球。

4. 沟槽形

（1）训练目的　熟练掌握槽沟的加工技术

（2）训练工具　V形戳刀

（3）训练原料　萝卜、柠檬等形状相似的原料

（4）训练步骤

① 原料洗净；

② 用V形戳刀在原料表面刮出均匀的V形小槽，然后再切成圆片或者半圆片。

二、动物性原料加工训练

（一）畜类加工

1. 肉扒的加工

用新鲜肉制作肉扒时，通常用拍刀或肉锤，把里脊和外脊加工成有厚度的肉片。冻肉则通常直接用锯骨机锯成一定厚度的肉片。

（1）训练目的　熟练掌西餐肉扒（图3-25）的加工技术

（2）训练工具　厨刀，菜板，肉锤或拍刀

（3）训练原料　牛柳、猪柳等原料

（4）训练步骤

① 将肉修整成符合烹调要求的形状，去筋，去杂质；

图3-25　牛扒（不带骨）

② 切成符合标准的肉块；

③ 将肉块用肉锤或拍刀捶打成所要厚度；

④ 将肉扒边缘修整齐。

2. 肉排的加工

肉排多指有肋骨的肉。

（1）训练目的　熟练掌握西餐肉排的加工技术

（2）训练工具　厨刀，菜板，剔骨刀

（3）训练原料　猪肉、牛肉、羊肉等原料

（4）训练步骤

① 沿脊骨方向，用去骨刀将脊骨与肉分离（图3-26）；

② 用厨刀在每根肋骨间下刀，分成单块肉排；

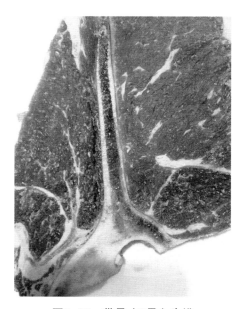

图3-26　带骨（T骨）牛排

③ 用剔骨刀距肋骨前缘3~5cm处剔净骨尖上多余的肉，使肋骨上端的骨露出；

④ 精细修整肉排，使其成形美观（图3-27）。

（二）禽类加工

1. 鸡腿加工

（1）训练目的　熟练掌握西餐中煎、扒类鸡腿的加工技术

（2）训练工具　厨刀，菜板，剔骨刀

（3）训练原料　鸡腿

图3-27　刀工后的牛排

（4）训练步骤

① 刀尖沿着鸡腿骨方向将鸡腿划开1/3；

② 切断关节，取出大腿骨；

③ 用刀背敲断小腿骨上端，余留1~2cm的腿骨；

④ 取出余下腿骨；

⑤ 修整鸡腿，使成形美观。

2. 带骨鸡胸加工

（1）训练目的　熟练掌握鸡胸的加工技术

（2）训练工具　厨刀，菜板，剔骨刀

（3）训练原料　净鸡

（4）训练步骤

① 整鸡鸡胸向上，顺着鸡胸骨下刀，将鸡胸连着鸡翅取下；

② 保留翅根，其余两节鸡翅切除；

③ 将鸡翅根上的肉剔除，并用剔骨刀刮干净，即可。

3. 净鸡胸的加工

（1）训练目的　熟练掌握鸡胸的加工技术

（2）训练工具　厨刀，菜板，剔骨刀

（3）训练原料　净鸡

（4）训练步骤

① 整鸡鸡胸向上，顺着鸡胸骨下刀，将鸡胸连着鸡翅一起取下；

② 再将鸡翅取下；

③ 撕下鸡皮，去除多余的油头。

（三）水产品加工

1. 鱼柳的加工

（1）训练目的　熟练掌握鱼柳的加工技术

（2）训练工具　厨刀，菜板，剔骨刀

（3）训练原料　鱼

（4）训练步骤

① 鱼宰杀整理后清洗干净；

② 鱼鳃鱼尾处各横切一刀，切至鱼骨处；

③ 沿着鱼脊骨方向进刀，将鱼骨肉分离；

④ 整理剔下的鱼肉，剔去鱼排，成净鱼柳，也称菲力鱼柳。根据需求，有时需剔除鱼皮。

备注：将鱼柳切成均匀的块即成鱼块。

2．鱼排的加工

（1）训练目的　熟练掌握鱼排的加工技术

（2）训练工具　厨刀，菜板，剔骨刀

（3）训练原料　三文鱼、银鳕鱼、鲈鱼

（4）训练步骤

① 将鱼宰杀整理后清洗干净（去鳞、去鳃、去内脏）；

② 将鱼头切除；

③ 将鱼身横切成鱼段，根据烹调需求来控制鱼段薄厚即可。每段鱼都带脊骨。

3．虾的加工

（1）训练目的　熟练掌握虾的加工技术

（2）训练工具　厨刀，菜板，剪刀

（3）训练原料　虾

（4）训练步骤

① 将虾清洗干净；

② 用剪刀剪去虾的爪尖与虾须；

③ 在虾的背部上，从虾头部下刀，将虾剖开，取出虾肠即可。根据烹调要求去掉虾壳或保留虾壳。

4．生蚝（扇贝）的加工

（1）训练目的　熟练掌握生蚝的加工技术

（2）训练工具　厨刀，菜板，蚝刀，刷子

（3）训练原料　生蚝

（4）训练步骤

① 将生蚝外壳刷洗干净；

② 左手握生蚝（手与生蚝间放块毛巾或带上专用手套以保护手），右手握生蚝刀，将生蚝刀插入壳内，紧贴扁平壳（生蚝壳通常一半扁平，另外一半呈碗状）运刀，将其腱割断，撬开生蚝壳，保持蚝肉完整，保留另外的壳。

5．墨鱼（鱿鱼）的加工

（1）训练目的　熟练掌握墨鱼的加工技术

（2）训练工具　厨刀，菜板

（3）训练原料　墨鱼

（4）训练步骤

① 将墨鱼清洗干净，擦干水分；

② 拉出头部，抽出脊背骨，除内脏，去皮；头部切去眼睛，留须。

6．龙虾的加工

（1）训练目的　熟练掌握龙虾的加工技术

（2）训练工具　厨刀，菜板，剪刀

（3）训练原料　龙虾

（4）训练步骤

① 将龙虾洗净后，剪去过长的须尖、爪尖；

② 将龙虾腹部朝上，放平，用刀自胸部至尾部切开，再调转方向从胸部至头部切开，将龙虾分为两半。剔除龙虾肠、白色的鳃及其他污物，然后将龙虾肉从龙虾壳内剔出即可。也可从龙虾的背部开刀，其加工方法同上。

7．蟹的加工

（1）训练目的　熟练掌握蟹的加工技术

（2）训练工具　厨刀，菜板

（3）训练原料　蟹

（4）训练步骤

① 将蟹清洗干净；

② 从尾部一端将蟹壳瓣开，除去鳃、内脏，冲洗干净即可。

思考题

1．刀工的基本要求是什么？

2．西餐用刀的基本原则是什么？

3．简述常用刀法。

4．西餐常用的刀具有哪些？

5．简述刀工的作用。

6．熟练掌握各种西餐原料的刀工成型。

课外阅读

中西餐饮刀工比较

刀工，是中西餐饮的基本技术之一。中西烹饪从理论上都非常注重刀工技术。这是因为，在烹饪实践中，刀工与菜肴的烹制、造型以及人们的饮食习惯等都有着极其密切的关系。

无论是中餐还是西餐，刀工大多有3个主要作用：

1．便于烹制和调味

刀工处理是解决原料加工问题的重要手段。原料加工的形状，与菜肴成熟的时间、菜肴的调味等，都有着不可分割的联系。例如，中餐中的火爆腰花，需通过刀工处理将腰子剞出花纹，这样才能易于入味、快速成熟。西餐中将原料切割成不同形状，也是利于均匀受热，以快速达到需要的成熟度。例如，鱼肉可以加工成鱼柳、鱼排等多种形状。牛肉、猪肉以及茄子、番茄等原料切成厚片状，便于放在扒炉烹调至需要的成熟度等。总之，原料经刀工处理成丁、丝、片、条、块等形状后，可以大大缩短烹调时间和入味时间。

2．利于造型和美化

刀工的第二个目的是造型与美化，这点在中餐中表现尤为明显。中餐菜肴造型美观、多姿多彩，让世人叹服，大多通过刀工的使用得以实现。如通过刀工技艺，将原料加工成菊花形、荔枝形、麦穗形、凤尾形、玉米棒形、梳子形等。西餐也非常重视刀工的造型和美化作用，通过刀工处理，原料可以呈现不同的形态，具有不同的美感。例如，将土豆削成大、中、小型的橄榄状，不仅可以配不同的菜肴，也对菜肴具有很好的装饰作用。将鸡胸切割成带翅骨的形态，可以使菜肴的造型更具有立体感。将虾加工成蝴蝶形，既便于成熟，也具有美观的造型。

3．便于食用

在中餐烹调中，大部分的菜肴都要运用刀工切割技术，使原料成为丝、丁、片、块、条等多种形状。这些形状不仅是美观，更便于食用，特别适合筷子的夹送。西餐菜肴在食用时，虽然需要刀叉的二次分割，但西餐的刀工技艺仍然有很强的利于食用的作用。例如，西餐通常不会像中餐那样，将原料切成细长形或细小形，而是比较大的条块形。这是因为过于细长或细小的原料，用刀叉食用非常困难。因此西餐刀法中，切是最常见的，而在成型上，厚片、大块、粗条也是常见的形态，这些无疑都是为了便于西餐的食用。

因此，从刀工的目的上分析，中西餐是大致相同的。不过，在刀工的具体运用上，两者也存在一定的差异。这些差异主要表现在以下两个方面：

1．与西餐相比，中餐刀工细腻，成型规格丰富

中餐厨师历来都把刀工技艺作为一种富有艺术趣味的追求，其技艺之精者已近乎道。《庖丁解牛》的寓言故事在中国几乎家喻户晓，庖丁神奇的切割技术为世人所称赞。明代冯梦龙在《古今谈概》也记载了一位操刀高手，其绝技更是让人惊叹："一庖人令一人袒背，俯偻于地，以其背为刀几，取肉二公斤许，运刀细缕之。撤肉而拭其背，无丝毫之伤。"这种以人之背为砧板切肉的技术，没有相当的刀工技艺，实在是难以为之的。

当代的厨师进一步继承并发展了古代的运刀技艺。四川的灯影牛肉，牛肉经过刀工处理后，可透过牛肉片看见灯影，真正做到了"薄如蝉翼"。一只重1.5kg的北京烤鸭，要求片108片，大小均匀，薄而不碎，形如柳叶，片片带皮。如今，中餐的刀工刀法已有近百多种。以片为例，就有刨花片、鱼鳃片、骨牌片、火夹片、双飞片、灯影片、梳子片、月牙片、象眼片、柳叶片、指甲片、雪花片、凤眼片、斧头片等10余种，足见中餐刀法的多样。

与中餐相比，西餐的刀工，则具有简洁、大方、动物类原料成型较大的特点。由于西方习惯使用刀叉作为食用餐具，原料在烹调后，食者还要进行第二次刀工分割，因此，许多原料，

尤其是动物原料，在刀工处理上，不像中餐那样细腻，原料通常被处理成大块、片等形状，如牛扒、菲力鱼、鸡腿、鸭胸等。每块（片）的重量为150~250g。

2. 中西餐在刀具的选择和利用上差别很大

在对中西餐刀工进行比较时我们发现，在中西餐的烹调中，常见的刀法是基本相同的。所谓刀法，是指对原料切割时，具体的运刀方法。比如：

（1）直刀法　直刀法是刀与原料呈90°角进行切割的刀法。根据原料的性质和烹调要求的不同，直刀法可以分为切、剁、砍等几种。

（2）平刀法　平刀法又叫片刀法，它是指刀与原料呈180°角切割原料的方法。

（3）斜刀法　是指刀与原料呈90°~180°角切割原料的方法。按其夹角的方向可分为正斜刀法和反斜刀法。

（4）其他刀法　除了平、直、斜刀刀法之外，其他的刀法统称为其他刀法。常见的有拍、撬等。

在中西餐的烹调中，常见的刀法虽然相同，但在使用刀具实现这些刀法上，两者却有很大差异。

总体上讲，西餐刀具具有种类多、大多专用、适用范围狭窄的特点；而中餐刀具具有种类少、一刀多用、适用范围广的特点。

西餐的刀具很多，甚至不同的原料、不同的成型都对应着不同的刀具。在刀工技术中，大量使用各式刀具，成为西餐刀工的重要特点。常见的西餐刀工工具如：厨刀（Chef's knife）、沙拉刀（Salad knife）、屠刀（Butcher knife）、剔骨刀（Boning knife）、片刀（Slicer）、锯齿刀（Serrated knife）、蚝刀（Oyster knife）、削皮刀（Vegetable knife）、拍刀（Clapping knife）等。

与西餐众多的刀具相比，中餐刀工用器具少。在中国烹饪教材中，涉及的刀具一般有以下4种：

（1）切刀　中餐最基本的刀具。重0.6~0.8kg，长22~33cm，刀背比片刀的刀背要厚一些。可切、片、拉、剁等，切各种丝、丁、片、块、末。

（2）片刀　刀板薄，刀刃平直，重量约0.5kg，长约27cm。它的用途是专门用于切"片"。

（3）砍刀　又称骨刀或厚刀，刀重约1000g，长14~18cm，宽10~14cm，刀背较厚，专门用来砍带骨的及质地坚硬的一类原料。

（4）剔刀　又称心形刀，前薄而尖，专门用来出骨、剔肉等。

总体来讲，虽然中餐刀具不多，但在刀工、刀法和原料成型规格等方面，不仅与西餐不相上下，有些时候甚至更胜一筹。这充分说明中餐刀工技艺十分高超。

第四章

西餐基础汤与调味工艺

学习目的

通过本章的学习，掌握制作西餐基础汤的主要原料、不同类型基础汤的特点和制作工艺、制作基础汤的要点。掌握西餐少司的概念、构成、作用和分类，掌握基础少司的制作工艺。

学习内容

第一节　西餐基础汤

基础汤（Stock），也称原汤、鲜汤，在制作少司以及汤菜等菜肴中起着关键作用，是西餐制作中不可缺少的原料。菜肴的味道、颜色及质量与基础汤的质量有着密切关系。

基础汤是以牛肉、鸡肉、鱼肉以及它们的骨头和调味蔬菜等，经过长时间煮制而成的汁。味道、新鲜度、浓度是判定基础汤的重要质量指标。

一、制作基础汤的主要原料

制作基础汤的原料，主要有肉、骨、调味蔬菜、调味品和水。

1. 动物原料的肉或骨头

制作基础汤常用的肉类和骨头，有牛肉、鸡肉，以及牛、鸡、鱼骨等。与中餐不同，西餐基础汤种类很多，不同的基础汤使用不同种类的动物原料制作，一般不混合使用。例如，鸡肉基础汤由鸡肉和鸡骨头熬制；牛肉基础汤由牛肉和牛骨头熬制；鱼肉基础汤由鱼骨头和鱼的边角肉等制作而成。除此之外，鸭骨头、羊骨头和火鸡骨头以及野味的骨肉，也可分别熬制一些特殊风味的基础汤。

2．调味蔬菜

制作基础汤的蔬菜称为调味蔬菜（Mirepoix），主要包括洋葱、西芹和胡萝卜。调味蔬菜是制作基础汤的第二个重要的原料，起着增香除异的作用。

在制作中，调味蔬菜使用的数量不同，通常的比例是，洋葱的数量等于西芹和胡萝卜的总数量。在熬制白色基础汤时，常把胡萝卜去掉，加上相同数量的鲜蘑菇，使基础汤不产生颜色。

3．调味品

制作基础汤常用的调味品有胡椒、香叶、丁香、百里香、香菜梗等。调味品常被包装在一个布袋内，用细绳捆好制成香料袋，放在基础汤中。

4．水

水是制作基础汤不可缺少的内容，水的数量常常是骨头或肉的3倍左右。

二、基础汤的类型与特点

按照色泽的不同，基础汤通常分为两种：白色基础汤与褐色基础汤。

（一）白色基础汤

白色基础汤也称为白色原汤、怀特原汤，或者浅色基础汤等，是一类清澈、无色的基础汤。常见的白色基础汤有白色牛肉基础汤（白色牛原汤）、白色鸡肉基础汤（鸡原汤）和白色鱼肉基础汤（鱼原汤）。

1．白色牛原汤（White Veal Stock）

白色牛原汤，是由牛骨、牛肉配以洋葱、西芹、胡萝卜以及其他调味品加水煮制而成。白色牛原汤的特点是无色透明，味道鲜美。

制作白色牛原汤，通常使用冷水，待水沸腾后，撇去浮沫，用小火炖成。牛骨与水的比例为1：3，烹调时间为6~8 h，烹调–过滤后即成。

2．鸡原汤（White Chicken Stock）

鸡原汤由鸡骨或鸡的边角肉、调味蔬菜、水、调味品制成。鸡原汤无色、清澈，具有鸡肉特有的鲜味。

鸡原汤的制作方法与白色牛原汤相同。鸡骨或鸡肉与水的比例为1：3，烹调时间为2~4 h。制作鸡原汤时可放些鲜蘑，减少胡萝卜的量，使鸡原汤的色泽更加完美和增加鲜味。

3．鱼原汤（Fish Stock/Fish Fumet）

鱼原汤，也称为白酒鱼精汤，由鱼骨、鱼的边角肉（有时为了汤汁清澈，不加鱼肉）、调味蔬菜、水、调味品煮成。它的特点是无色，清澈，有鱼的鲜味。

鱼原汤，一般使用海鱼制作，如龙利鱼、比目鱼、牙鳕鱼的鱼骨，鱼原汤的制作方法与白牛原汤相同，但制作时间比较短，一般为30min至1h。制作鱼原汤时，通常要加上适量的干白葡萄酒和蘑菇以去腥味和增香。

（二）褐色基础汤（Brown Stock）

褐色基础汤，也称作红色原汤或布朗原汤等，是汤色呈现棕褐色的基础汤。常见的褐色基础汤有褐色牛肉基础汤（棕色牛原汤）和褐色鸡肉基础汤（棕色鸡原汤）。它们的制作方法基本相同。

褐色基础汤使用的原料与白色基础汤的原料大致相同，但一般要加番茄碎和番茄酱，以增加汤的颜色。

此外，褐色基础汤的制作方法，也与白色基础汤略有不同，它要先将骨头、调味蔬菜烤成棕色，按照原料与水的比例为1∶3，进行煮制。一般煮6~8 h，过滤后即成。褐色基础汤具有色泽棕色，带有烤牛肉香气的特点。

三、基础汤制作要点

基础汤制作的主要目的，是将肉、骨头等原料的味道充分溶于汤中。从表面上看很简单，但要制作符合要求的优质的基础汤，必须重视原汤制作中的每一个环节，并且深刻理解制汤过程中每一道程序的原理。

（1）精心选择原料　制作基础汤，必须选用新鲜的骨头、肉类和调味蔬菜等，并清洗干净，以保证汤汁的鲜美。

（2）冷水制作　制作基础汤要使用冷水煮制，以便于将原料的滋味溶解出来。

（3）掌握水量　水要能够盖住所有原料。但水量过多，则汤味淡。一般1kg的肉或骨头，只能制作2kg的汤。加水的量，根据原料和熬煮的时间而定。

（4）控制火候　煮汤时，先大火后小火。先用大火将汤煮沸，撇去浮沫后，再用小火熬煮，这样可以保持原汤的透明度。此外，煮汤时不要盖锅盖。这样有利于原汤中的水分蒸发，使原汤的味道变浓。注意不要在汤中加盐，否则会增加原料鲜味的析出时间。

（5）过滤　基础汤制成后要过滤。必须用几层过滤布将其过滤，使其清澈，然后撇去汤中的浮油，防止其变味。

（6）储存　要遵循"尽快冷却热食物，尽快加热冷食物"的原则。储存基础汤前，可先将装汤的盛器桶置于流动的凉水中，使原汤快速降温，然后再将其放在冷藏箱内，保存期通常是3d。如将原汤冷冻储存，可存放3个月。

四、基础汤质量鉴别

优质基础汤具有以下3个特征：

（1）优质基础汤的表面没有浮油。

（2）优质基础汤汤汁清澈，没有食物残渣。

（3）优质基础汤的气味芳香，味道清新、鲜美。

第二节　西餐基础汤制作

一、白色牛肉基础汤（White Veal Stock，生产4L）

原材料：

牛骨2~3kg，牛腿肉2kg，调味蔬菜500g（洋葱250g，胡萝卜和西芹各125g），冷水6~7L，调味品（香叶1片，胡椒粒1g，百里香2个，丁香1/4g，香菜梗6根，装入布袋包扎好）。

制作过程：

（1）将牛骨洗净，剁成大块，块的长度不超过8cm。牛腿肉洗净，剁成大块。

（2）将调味蔬菜洗净，切成3cm左右的大方块。

（3）将牛骨、牛腿肉和调味蔬菜放入汤锅，加入冷水和调味袋。

（4）用大火将水煮沸，待水沸腾后，撇去浮沫，转为小火炖，并不断地撇去浮沫。

（5）小火炖6~8h后，过滤、冷却。

二、白色鸡肉基础汤（White Chicken Stock，生产4L）

原材料：

鸡骨2~3kg，老母鸡1只，冷水5~6L，调味蔬菜500g（洋葱250g，西芹125g，胡萝卜125g，也可将胡萝卜换成鲜蘑），调味品（香叶1片，胡椒粒1g，百里香2个，丁香0.25g，香菜梗6根，装入布袋包扎好）。

制作过程：

同白色牛原汤，大火煮沸后，小火煮2~4h即可。

三、白色鱼肉基础汤（Fish Stock　生产4L）

原材料：

海鱼骨头和鱼的边角肉2~3kg，水5~6L，调味蔬菜500g（洋葱250g，西芹125g，胡萝卜125g），新鲜白蘑菇250g。

方法一：

与白色牛原汤相同。也可以使用方法二，使鱼原汤更香醇。

方法二：

原材料：

鱼骨2~3kg，黄油30g，水4L，白葡萄酒200g，调味蔬菜400g（洋葱120g，西芹、胡萝卜、新鲜白蘑菇各60g），调味品（香叶半片，胡椒粒1g，百里香1个，香菜梗6~8根装在布袋内，包扎好）。

制作过程：

（1）将黄油放入厚底少司锅内，放调味蔬菜，将鱼骨放在蔬菜上。在鱼骨上松散地盖上一张烹调纸或锅盖。

（2）将煮锅放在西餐灶上，低温烹调5min后，加入葡萄酒，煮沸后加水，放入调味品袋。

（3）再煮沸后，用低温慢慢煮，撇去浮沫，再煮约40min。

（4）在漏斗中，放入叠好的过滤布过滤。

（5）将煮好的鱼原汤放入容器内，再将该容器置于流动的冷水中，冷却后，再放冷藏箱储存。

四、褐色牛肉基础汤（Brown Stock，生产4L）

原材料：

牛骨2~3kg，牛腿肉2kg，调味蔬菜500g（洋葱250g，胡萝卜和西芹各125g），冷水6~7L，调味品（香叶1片，胡椒粒1g，百里香2个，丁香1/4g，香菜梗6根，装入布袋包扎好），番茄酱250g，熟番茄250g。

制作过程：

（1）牛骨洗净，剁成大块，长度不超过8cm。牛腿肉洗净，剁成大块。将调味蔬菜洗净，切成3cm左右的大方块。

（2）将牛骨、牛肉放在烤盘上，在炉温200℃的烤箱内烤成棕色。

（3）将烤好的牛骨、牛肉放在汤锅中。汤锅中加冷水，大火加热，待水沸腾后，撇去浮沫，用小火继续煮。

（4）将调味蔬菜放在烤牛骨的盘中，烤成浅棕色，然后放入汤中。

（5）用冷水浇在烤盘上，将烤盘上的汁也倒入汤锅。

（6）加入番茄酱和切碎的番茄，用小火煮原汤，6~8h后，过滤、冷却。

第三节　西餐少司

一、少司的概念

西餐的调味工艺，主要表现在少司的制作上。少司，也称为沙司，是"sauce"的音译，指西餐菜点的调味汁。少司的制作技术，是西餐最重要的技术之一。

二、少司的构成

通常，少司由以下3种原料构成：

1. 液体原料

液体原料是构成少司的基本原料之一。常用的液体原料有基础汤、牛奶、液体油脂以及水等。

2．增稠原料

增稠原料也称为稠化剂或增稠剂，也是制作少司的基本原料之一。

一般来说，液体原料必须经过稠化，产生黏性后，才能成为少司。少司太稀薄，不易黏附在菜肴上，菜肴的口感就比较淡。少司太浓稠，也会影响菜肴的口感。因此，稠化技术是制作少司的关键。

西餐的增稠原料的种类较多。热菜中常用的稠化剂有以下6种：

（1）油面酱（Roux）　油面酱，也称为面粉糊、黄油面酱等，它是油脂与相等重量的面粉，在低温下用小火煸炒而成的糊状原料。

制作油面酱，可以使用的油脂包括动物油脂或植物油。传统西餐的制作，根据少司风味的不同要求，选择不同的油面酱。例如，以鸡油与面粉制成的油面酱，用于鸡肉菜肴少司。以烤牛肉的滴油与面粉制成的油面酱，用于牛肉菜肴少司。一般来讲，以黄油为原料制作的油面酱，味道最佳。以人造黄油或植物油制成的油面酱，味道则不理想。

由于烹调的时间长短与油温高低的不同，油面酱一般有3种颜色：白色、金黄色和褐色。随着油面酱颜色的加深，其黏连性能也逐渐变差。

一般来说，油面酱的颜色与所要增稠的少司的颜色相近。例如白色油面酱用作奶油少司原料，棕色油面酱适用于棕色少司。

（2）面粉糊（Beurre manie）　黄油面粉糊，是由熔化的黄油与相同数量的生面粉搅拌而成。这种增稠原料，通常用于少司的最后阶段。当发现少司的黏度不够理想时，可以使用几滴黄油与面粉搅拌，使少司快速增加黏度，达到理想的黏度和亮度。

（3）干面糊（Dry Roux）　在少司比较油腻的情况下，为了不再增加多余的油分，可以使用干面糊增稠。干面糊是将面粉加热至所需的颜色。如果需要大量制作，则将面粉平铺在烤盘上，放入烤箱中烤至沙状即可。根据不同的需要，调节烤箱的温度和时间，就可以得到不同颜色的干面糊。

（4）蛋黄奶油芡（Egg Yolk and Cream Liaison）　蛋黄奶油芡是由蛋黄与鲜奶油混合在一起制成。按照一个单位的蛋黄与三个单位鲜奶油的比例，将鲜奶油加入打得起泡的蛋黄中。

使用蛋黄奶油芡的时候，要特别注意烹调的方法和温度。一般先在锅中取少量热的液体，将它与蛋黄奶油芡混合后，再倒回锅内热的液体中。加入蛋黄奶油芡的液体，继续用小火加热至刚要煮沸即可，绝不能煮沸，否则蛋黄会凝固，失去增稠的效果。离火后，仍需要搅拌2~3min。

蛋黄奶油芡的黏连性，虽然不如以上各种稠化剂，但它可以丰富少司的味道。因此，特别适用于少司制作的最后阶段，起着调味、稠化和增加亮度三重作用。

（5）水粉芡（White Wash）　水粉芡也称为"石灰水"。将少量的淀粉和水混合在一起，就构成了水粉芡。与其他增稠原料相比，这种稠化剂味道相对较差，一般用于酸甜味道的菜肴和甜品。

（6）面包渣（Bread Crumbs）　面包渣也可以作为稠化剂，但是它的用途很小，仅限于个别菜肴，如西班牙冷蔬菜汤等。

此外，在少司的制作中，常使用蛋黄作为增稠剂，如马乃司少司、荷兰少司等。

3. 调味原料

制作少司时，还需要一些调味原料，比如盐、胡椒粉等。此外，胡萝卜、洋葱、西芹、白蘑菇、培根、番芫荽、香叶以及葡萄酒等。添加这些调味料，需要根据少司的要求，进行选择。

三、少司的作用

少司是具有丰富味道的黏性液体，西餐中有许多菜点，包括开胃菜、配菜、主菜，甜点都需要用少司来调味。

一般来说，少司的作用主要有以下几点：

（1）为菜肴增加味道　作为菜肴的重要组成部分，少司可以丰富菜肴的味道，增加人们的食欲。

（2）作为菜肴的润滑剂　少司具有较好的润滑作用，特别可以增加扒、炸、煎、烤等菜肴的润滑性。

（3）为菜肴增加美感　具有不同色泽、稠度、形状、特色，与不同菜肴搭配，为菜肴增加美感，具有良好的装饰作用。

四、少司的分类

西餐中的少司种类很多，它们在颜色、味道、黏度、温度、功能等方面都各有特色。

按颜色的不同，少司可以分成白色、黄色、棕色、红色等多种。

按温度不同，少司可以分为冷少司和热少司。

按作用不同，可以分为基础少司（也称为母少司）和变化少司（也称为子少司、调味少司）。常用的基础少司种类不多，一般只有十几种。其他少司，大多由这些少司变化而来。因此，基础少司，也被形象地称为"母少司"，由"母少司"变化而来的少司，则称为"子少司"。对于学习西餐的人来说，掌握好基础少司，是掌握西餐调味的基础。

（一）冷基础少司

冷基础少司大都是乳化少司，根据乳化稳定的程度不同，冷少司可以分为不稳定乳化少司和稳定乳化少司两大类。醋油汁是不稳定乳化少司的主要代表，马乃司少司是稳定乳化少司的主要代表。

1. 马乃司少司（Mayonnaise）

马乃司少司也称沙拉酱、蛋黄酱。由色拉油、鸡蛋黄、酸性原料和调味品搅拌制成。以马乃司少司为基础，可以变化出许多子少司。

2. 醋油汁（Vinaigrette）或（Vinegar and Oil Sauce）

醋油汁又称醋油少司、法国沙拉酱或法国汁，是由色拉油、酸性物质和调味品混合而成。以醋油汁为基础，也可以变化出许多子少司。

（二）热基础少司

西餐热的基础少司，主要包括：

1. 贝夏梅尔少司（也称牛奶少司）（Bechamel Sauce）

贝夏梅尔少司主要由牛乳、白色油面酱及调味品制成的少司。

2. 白色少司（Veloute Sauce）

白色少司主要由白色牛基础汤（白色鸡基础汤、白色鱼基础汤等）加上白色或浅黄色的油面酱及调味品制成的少司。

3. 棕色少司（Brown Sauce）

棕色少司主要由棕色牛基础汤等加上棕色的油面酱及调味品制成的少司。

4. 番茄少司（Tomato Sauce）

番茄少司主要由棕色牛基础汤加上番茄酱、番茄，以及棕色油面酱及调味品制成的少司。

5. 黄油少司（Butter Sauce）

黄油少司主要由黄油和其他调味品制成的少司。包括乳化的黄油少司，如荷兰少司，以及黄油酱等，黄油少司是西餐少司中的一大类，多呈膏状或固态。

此外，随着健康趋势的发展，许多少油脂的少司，应用广泛，如用各种蔬菜泥、芦笋、胡萝卜、花菜、甜椒等制作的基础少司。

一般情况下，基础少司不直接为菜肴调味，而是通过厨师制作成变化少司后，应用在各种菜肴和点心中，与菜肴中的主菜搭配。

由基础少司变化而来的变化少司，数量极多、风格各异，是具有各自独特特色的少司。

举例来说：

贝夏梅尔少司的变化少司有奶油少司（Cream Sauce）、芥末少司（Mustard Sauce）、干达奶酪少司（Cheddar Cheese Sauce）等。

白色少司的变化少司有匈牙利少司（Hungarian Sauce）、咖喱少司（Curry Sauce）和曙光少司（Aurora Sauce）、贝尔西少司（Bercy Sauce）等。

棕色少司的变化少司有罗伯特少司（Robert Sauce）、马德拉少司（Madeira Sauce）等。

番茄少司的变化少司有科瑞奥少司（Creole Sauce）、葡萄牙少司（Portuguese Sauce）、西班牙少司（Spanish Sauce）等。

以黄油为基础制作的变化少司有马尔泰斯少司（Maltaise Sauce）、毛司令少司（Mousseline Sauce）和秀荣少司（Charon Sauce）等。

第四节　西餐基础少司制作

一、冷基础少司制作

（一）马乃司少司

马乃司少司是一种浅黄色、呈膏体状的少司。由于在制作过程中增加了乳化剂——鸡蛋黄，从而将少司中的沙拉油和醋均匀而牢固地混合在一起。

马乃司少司是西餐中重要的少司，常作沙拉的调味酱，也是其他沙拉酱的基本原料，如千岛汁（Thousand Island Dressing）、布鲁奶酪沙拉酱（Blue Cheese Dressing）、俄罗斯沙拉酱（Russian Dressing）等。

传统的马乃司少司是一种浅黄色的，味道咸鲜微酸的膏体。其制作工艺如下：

原材料：

新鲜鸡蛋黄2个，盐2g，色拉油500g，柠檬汁15mL。

制作过程：

（1）将鸡蛋黄和盐放入干净的盆中，一边搅拌，一边滴入沙拉油，开始需少量地放入蛋黄内，快速搅拌。

（2）待蛋黄变成较稠的膏状体后，加柠檬汁稀释，再加入其余油搅打，此时可多加油、慢打，直到用完500g油脂。

（二）醋油汁

醋油汁，咸而微酸，色泽乳白，稠度低。醋油汁是一个应用广泛的少司，它不仅可以直接使用在菜肴中，也可以变化出众多的其他少司。

一般来说，醋油汁常用的原材料有：

油脂类：如橄榄油、纯净的蔬菜油、玉米油、花生油或核桃油。

酸性原材料：如酒醋（Wine Vinegar）、苹果醋（Cider Vinegar）、白醋（White Vinegar），以及柠檬汁（Lemon Juice）。

调味品：一般是精盐和胡椒粉。

醋油汁在制作中，酸性原材料与植物油的重量比例常是1∶3。

传统的醋油汁（Basic French Dressing）制作工艺如下：

原材料：

色拉油1500g，酒醋500g，盐30g，胡椒粉10g。

制作过程：

（1）将以上各种原材料混合在一起，搅拌均匀。

（2）每次使用前搅拌均匀。

在传统的醋油汁中，可以适当加入一些乳化剂，如适量的糖、奶酪或番茄酱等，少司的乳化性和味道会有明显的改善。

二、热基础少司制作

西餐的热基础少司，一般以基础汤、牛乳、融化的油脂为基本原材料制作而成。

（一）以基础汤为基本原材料制作的热少司

以基础汤为基本原材料制作的基础少司，主要有白色少司、褐色少司、番茄少司等。

1.白色少司（Veloute Sauce，生产2L）

原材料：

熔化的黄油110g，面粉110g，白色基础汤2.5L。

制作过程：

（1）将黄油放在厚底少司锅中加热，放面粉煸炒至浅色，晾凉。

（2）逐渐把热的白色基础汤加入面粉糊中，并用搅板或抽子不断抽打，沸腾后，转为用小火煮。

（3）小火煮少司约1h左右，偶尔用搅板或抽子抽打几下，撇去表面浮沫、过滤即可。

注意事项：

（1）不用盐和胡椒等为白色基础少司调味。盐和胡椒一般只作为变化少司的原材料。

（2）过滤后，可用锅盖盖好，或表面放一些熔化的黄油防止少司表面产生干皮。

（3）如果少司过稠可以再加一些白色原汤。

（4）存储前应使其快速降温。

（5）基础汤可以是牛、鸡或鱼等基础汤。

2.褐色少司（Brown Sauce，生产2L）

原材料：

洋葱碎250g，胡萝卜和西芹碎各125g，黄油125g，面粉125g，番茄酱125g，番茄碎125g，褐色基础汤3L，香料布袋1个（香叶1片、丁香2颗、香菜梗4根）。

制作过程：

（1）用黄油将洋葱碎、胡萝卜和西芹碎煸炒成金黄色。

（2）将面粉倒入煸炒好的洋葱碎、胡萝卜和西芹碎中，用低温继续煸炒，使面粉成浅棕色。

（3）将棕色基础汤、番茄酱和番茄碎放入炒好色的面粉中，大火煮开后，去浮沫，转为小火炖。

（4）加香料袋，用小火炖2h，减少至2L时，过滤即成。

注意事项：

（1）过滤后，在少司的表面放入少量熔化的黄油，放止表面产生干皮。

（2）褐色基础汤可以是牛、鸡等制作的褐色基础汤。

3．番茄少司（Tomato Sauce，生产2L）

原材料：

黄油50g，面粉100g，洋葱碎100g，胡萝卜碎50g，西芹碎50g，培根碎100g，白色或褐色基础汤1L，番茄碎2000g，番茄酱1000g，胡椒粉1g，香料袋1个（香叶1片、大蒜2头、丁香1颗、百里香少许），盐、白糖适量。

制作过程：

（1）将黄油熔化，加培根碎、洋葱碎、西芹碎、胡萝卜碎，煸炒几分钟后，加面粉，继续煸炒，使面粉成浅棕色。

（2）加番茄和番茄酱炒香。

（3）加白色或褐色基础汤，大火烧开，再用小火煮。

（4）加香料布袋，用小火炖1h左右，捞出香料布袋过滤，用盐和糖调味。

注意事项：

（1）注意盐和糖的用量。

（2）为了增香，可以先用黄油将培根碎炒出油，再炒调味蔬菜。

（3）制作时，增加一些烘烤上色的肉骨头。

（二）以牛奶为基本原材料制作的热少司

以牛奶为基本原材料制作的少司，主要是贝夏梅尔少司，也称牛奶少司，它是路易十四的御厨贝夏梅尔发明的，为了纪念他，所以以他的名字命名。

贝夏梅尔少司（Bechamel Sauce，生产2L）

原材料：

熔化的黄油120g，面粉120g，牛奶2L，去皮小洋葱1个，丁香1颗，香叶1片，盐、白胡椒粉适量。

制作过程：

（1）将黄油放入厚底少司锅内，用小火熔化后，放入面粉炒香但不变色。

（2）牛奶煮沸，逐渐倒入炒好的面粉中，用抽子不停地抽打，使其完全融在一起。

（3）将香叶插在洋葱上一起放在少司中。煮沸后转为小火，用小火炖15~30min，偶尔搅拌。

（4）检查稠度（若稠可以加牛奶调节），用盐、胡椒粉调味。

（5）过滤即可。

注意事项：

（1）制作时，可以加少司、豆蔻增香。

（2）使用香料不宜过多，少司口味应清淡。

（3）过滤后，盖上盖子，在少司表面放上一些黄油以防止表面干皮。

（三）以熔化的油脂为基本原材料制作的少司

以熔化的油脂为基本原材料制作的少司，常用的有荷兰少司和班尼士（贝亚恩）少司。

1. 荷兰少司（Hollandaise Sauce，生产500g）

原材料：

黄油500g，冷开水50mL，鸡蛋黄8个，柠檬汁30mL，盐、胡椒粉少许。

制作过程：

（1）将黄油小火制作成清黄油，保持温热状，备用。

（2）将蛋黄和水放在厚底少司锅中，用蛋抽打成起泡的sabayon蛋黄酱，将锅放在60℃的温水中或者小火上，继续用蛋抽搅打。

（3）蛋黄酱变稠时，分次加入清黄油，边加边搅拌。

（4）待用完黄油后，加胡椒粉、盐和柠檬汁调味，过滤即可。

注意事项：

（1）过滤后，保持温度，在1个半小时内用完。现用现做，不能过夜。

（2）如少司过稠时，可加一些热水调节。

（3）掌握蛋黄与黄油的比例，一般是1个蛋黄用60~65g黄油。否则过于油腻或者蛋腥味重。

（4）使用厚底少司锅制作。

（5）蛋液要在50~60℃的环境中抽打，才有利于发泡。

（6）清黄油制作：黄油切片，放在不锈钢盆中，隔热水水浴加热，底层奶水不要，取上面的澄清黄油。隔水水温在70~80℃为好，黄油保温在50~60℃。

2. 班尼士少司（Bearnaise Sauce，生产500g）

原材料：

黄油500g，小洋葱末100g，龙蒿碎60g，白酒醋100g，白葡萄酒100g，鸡蛋黄8个，黑胡椒碎10g，番芫荽碎40g，盐、胡椒粉少许、冷水适量。

制作过程：

（1）将黄油小火制作成清黄油，保持温热状，备用。

（2）将小洋葱末、龙蒿碎、白酒醋、白葡萄酒、黑胡椒碎、番芫荽碎，放在厚底少司锅中，小火浓缩到原来的1/4，离火晾凉成浓缩香草汁备用。

（3）将蛋黄打入晾凉的浓缩香草汁中，加入适量冷水调匀，放入用蛋抽打成起泡的sabayon蛋黄酱，将锅放在60℃的温水中或者小火上，继续用蛋抽搅打。

（4）蛋黄酱变稠时，分次加入热的清黄油，边加边搅。

（5）待用完黄油后，加胡椒粉、盐调味，过滤即可。

注意事项：

（1）过滤后，保持温度，在1个半小时内用完。现用现做，不能过夜。

（2）如少司过稠时，可放一些热水调节。

（3）使用厚底少司锅制作。

（4）控制温度，蛋液要在50~60℃的环境中抽打，这样才有利于发泡。

（5）这种少司也被翻译成"贝亚恩少司"。

第五节　西餐变化少司制作

一、马乃司少司的变化少司

以马乃司少司为基本原材料，可以加入各种调味品或干酪，从而变化成各种风味的变化少司。如加入酸奶油，或者抽打过的奶油、鱼子酱、火腿末、水果末、洋葱末、熟鸡蛋末、蔬菜末、酸黄瓜末、香菜末、香料末（Herb）、续随子末（Caper）、胡椒粉、辣椒酱、芥末酱、辣酱油、鳀鱼酱、大蒜末、柠檬汁、莱姆汁（Lime Juice）、水果汁、不同风味的醋，以及干酪末（Blue Cheese，Roquefort，Parmesan Cheese）等。

1. 鞑靼少司（Tartar Sauce）

原材料：

马乃司1L，酸黄瓜末200g，水瓜柳碎60g，熟鸡蛋末1个，洋葱末50g，香菜30g，辣酱油少许，胡椒粉、盐适量。

制作过程：

将原材料放在不锈钢盆中，搅拌均匀即可。

2. 千岛汁（Thousand Island Dressing）

原材料：

马乃司2L，番茄沙司150g，辣酱油100g，胡椒粉20g，柠檬汁30g，酸黄瓜末100g，熟鸡蛋末5个，洋葱末100g，香菜30g，酒醋50mL。

制作过程：

将鸡蛋、洋葱、酸黄瓜、香菜放入容器内，加入马乃司沙拉酱、番茄沙司、酒醋、辣酱油、柠檬汁和胡椒粉搅拌均匀。

二、醋油汁的变化少司

变化醋油汁是以传统的醋油汁为基本原材料，再经调味制作而成的各种少司。

1. 芥末醋油汁（Mustard French Dressing）

原材料：

传统的醋油汁2L，芥末酱60~90mL。

制作过程：

将醋油汁和芥末酱混合在一起。

2．罗勒醋油汁（Basic French Dressing）

原材料：

传统的醋油汁2L，罗勒2g，香菜末60g。

制作过程：

将醋油汁与罗勒、香菜末混合在一起。

3．意大利法国汁（Italian French Dressing）

原材料：

醋油汁2L，大蒜末4g，香菜末30g，碎牛至叶4g。

制作过程：

将醋油汁与大蒜末、香菜末、牛至叶混合在一起。

4．浓味醋油汁（Vinegar Dressing）

原材料：

传统的醋油汁2L，干芥末粉4g，洋葱末30g，红辣椒粉9g。

制作过程：

将醋油汁与干芥末粉、洋葱末、红辣椒粉混合在一起。

5．美式醋油汁（American French Dressing）

原材料：

醋油汁、洋葱末、熟鸡蛋末、酸黄瓜末、香菜末、香料末（Herb）、续随子末（Capers）、胡椒末、辣椒酱、芥末酱、糖、蜂蜜、辣酱油鱼酱、大蒜末、柠檬汁、莱姆汁（Lime Juice）、干酪末（Roquefort Cheese，或者Parmesan Cheese）。

制作过程：

将上述原料充分混合即可。

三、白色少司的变化少司

白色少司的变化少司是以白色少司为基本原材料，再经调味制作而成的各种少司。

1．蛋黄奶油少司

在500mL白色牛肉少司中，加入1个蛋黄与60g奶油混合而成的奶油蛋黄液，小火微热，搅拌均匀，最后用柠檬汁、盐和胡椒粉调味即可。

2．奶油鸡少司

500mL白色鸡少司用小火浓缩至350g后，加入120g奶油搅拌均匀，盐和胡椒粉调味即可。

3．匈牙利少司

15g黄油炒洋葱碎和辣椒碎，加50g干白，用小火煮微干后，加500mL白色牛肉少司，煮5~10min左右，调味，过滤即可。

4．贝尔西少司

30g洋葱碎与60g干白煮至原来数量的2/3后，加500g白色鱼少司，煮沸后，再加30g黄油、少许法香碎、柠檬汁、盐、胡椒粉，调味后即可。

5．咖喱少司

黄油炒25g胡萝卜碎、15g洋葱碎、15g西芹碎后，放3g咖喱粉、少许百里香、大蒜碎、法香梗煸炒后，加500g白色少司，最后用盐和胡椒粉调味即可。

6．曙光少司

曙光少司也称欧罗少司。将500g蛋黄奶油少司，奶油鸡少司等半基础少司，或白色牛肉、鸡肉、鱼肉等基础少司中，加入80g番茄少司，用盐和胡椒粉调味即可。

四、褐色少司的变化少司

褐色少司的变化少司，是以褐色少司为基本原材料，再经调味制作而成的各种少司。

1．褐色水粉少司

500g褐色基础汤煮沸后，加入15g玉米淀粉搅拌均匀即可。

2．浓缩的褐色少司制作

1000g褐色少司与褐色基础汤混合，煮沸后，用小火熬煮至原材料体积的1/2即可。

3．罗伯特少司

小火炒50g洋葱碎，加干白，小火煮至原来的2/3后，加入500g浓缩的褐色少司煮5~10min过滤，用芥末粉、糖、柠檬汁调味。

4．马德拉少司制作

小火煮500g浓缩的褐色少司，至4/5后，加马德拉酒即可。

五、番茄少司的变化少司

番茄少司的变化少司，是以番茄少司为基本原材料，再经调味制作而成的各种少司。

1．科瑞奥少司

将500g番茄少司与50g洋葱碎、50g西芹碎、30g青辣椒碎、1片香叶、少许百里香、柠檬汁混合，用小火煮15min左右，最后用盐、胡椒粉、辣椒粉调味、过滤即可。

2．葡萄牙少司

50g洋葱碎在少许黄油中炒香后，加250g番茄碎、少许大蒜碎以及500g番茄少司，小火煮至原来的2/3后，调味，放入番芫荽碎即可。

3．西班牙少司

黄油30g、75g洋葱碎、50g辣椒碎以及少许大蒜碎炒香后，再加50g蘑菇碎炒，最后加500g番茄少司煮，用盐调味后，过滤。

六、贝夏梅尔少司的变化少司

贝夏梅尔少司的变化少司，是以贝夏梅尔少司为基本原材料，再经调味制作而成的各种少司。

1. 干达干酪少司

将250g贝夏梅尔少司与60g干达干酪、少许盐、胡椒粉、干芥末混合均匀，加热即可。

2. 奶油少司

将250g贝夏梅尔少司与30~60g奶油混合均匀，加热，用盐、胡椒粉调味即可。

3. 芥末少司

将250g贝夏梅尔少司与25g芥末酱混合均匀，加热，用盐、胡椒粉调味即可。

七、荷兰少司和班尼士的变化少司

荷兰少司的变化少司，是以荷兰少司为基本原材料，再经调味制作而成的各种少司。

1. 马尔泰斯少司的制作

将500g荷兰少司与30~60mL橙子汁、30g橙子肉混合即可。

2. 毛司令少司的制作

将500g荷兰少司与25g奶油混合，抽打均匀即可。

3. 秀荣少司的制作

500g班尼士少司加入30g番茄少司即可。

思考题

1. 制作西餐基础汤主要有哪些原料？

2. 基础汤分为哪些不同类型？各有什么特点？

3. 简述白色基础汤和褐色基础汤的制作工艺。

4. 制作基础汤需要掌握哪些要点？

5. 什么是少司？少司由哪些原料构成？

6. 简述少司的作用和分类。

7. 简述各种基础少司的制作工艺。

课外阅读

中西餐饮调味比较

美食以美味为基础，而美味要通过调味来创造。调味既是烹饪的技术手段，也是烹饪成败的关键。因此，无论是中餐还是西餐，都非常重视调味技术，将其看作烹饪技术的核心。

在调味的基本原则上，中餐与西餐有许多共同点。例如，在处理味道鲜美的原料时，中西餐都能够慎用调味品，以使原料的自然之味体现出来。石斑鱼是一种味鲜肉嫩的海产品，中餐在处理这类原料时，除了采取蒸的方法，以保存鱼肉的鲜美之外，在调味时，大多使用简单的调料，如盐、豉汁、姜、葱等调味品，以突出原料的本味。而西餐在进行调味上，也尽量使用简单的调味品，甚至只在煎好或者蒸烤的鱼肉上，淋少许意大利黑醋就可以了。

尽管如此，在具体实践中，中餐和西餐在调味技术上仍然存在一些差异：

一、西餐的调味，更加注重酒的选择与使用

源于畜牧文化的西方国家，肉类是日常饮食的重要组成部分，因此，在烹调中，西餐特别注重动物原料的调味与处理。与植物原料相比，动物原料的腥、膻等味道比较浓重，在调味上，西餐十分强调去异增香的技巧。而各种各样风格的酿造酒类，由于具有不同的消除异味、增加香味的作用，而在西餐烹调中的使用十分广泛。在长期的实践中，西方摸索出了一套与原料的搭配方法。比如，制作鱼虾等浅色肉菜，使用浅色或无色的干白葡萄酒、白兰地酒最适宜；制作畜肉等深色肉类，使用香味浓郁的马德拉酒、雪利酒等更能够增香去异；制作野味菜肴时，使用波特酒除异增香最佳；而制作餐后甜点，用甘甜、香醇的朗姆酒、利口酒等则是最完美的。

法国是盛产酒，尤其是葡萄酒的国家，也是中西方国家中，最善于使用酒进行烹调的国家。在不同类型的菜品中，无论是开胃菜、汤菜、主菜还是甜品与少司等，法国烹饪常常巧妙地利用酒达到最佳的调味效果。许多法国著名菜品，都使用了酒。比如红酒蜗牛、普罗旺斯海鲜汤、红酒煨梨等。在酒的使用上，法国烹饪自有心得，比如，根据原料和菜肴的特色选择不同的酒。制作甜品，会较多地选择甜味的果酒；制作牛肉，则选择味道浓烈的酒，比如干红；制作海鲜，则选择味道清淡的酒，比如干白。不同的酒与不同的原料配合，从而产生新的滋味，为菜肴增添无穷魅力。

相比之下，中餐也常常用酒，但与西餐相比，品种比较少，烹调中大多以料酒为主。在实际操作中，很少根据原料的不同性质，仔细挑选最适宜的酒的品种。因此，相比较而言，西餐在调味上比中餐更注重酒的选择和使用。

二、烹与调的融合与独立

调味，是一件十分精妙的工作。在烹调中，不仅调味原料直接影响调味的效果，采取不同的方法，对菜肴最终的味道也有重要影响。一般来说，在菜肴的制作过程中，有3种常见的调味方法。

1．加热前调味

原料在加热前的调味，常见的方法是用盐、酱油、胡椒粉等原料进行码味，使原料具有基本味道。

2．加热中的调味

在原料加热过程中，对其进行调味的方法。在这个过程中，主料、配料以及调料的味道相互融合，从而使菜肴获得新的复合味道。

以四川名菜回锅肉为例。

原材料：

主料：带皮猪后腿肉

配料：蒜苗

调辅料：郫县豆瓣（剁细）、精盐、红酱油、甜面酱、食用油。

制作过程：

第一步——初步加工与刀工：猪肉刮洗干净煮熟，晾凉后切成5cm长、0.15cm厚的片。蒜苗择洗干净，切成马耳朵形待用。

第二步——加热与调味：炒锅置中火上，加油烧至六成热，放肉片、精盐炒香呈"灯盏窝"形，加郫县豆瓣、甜面酱、红酱油炒香上色，加蒜苗炒断生即可。

第三步——装盘。

回锅肉这道菜肴，其最终的味道，主要在烹调过程中，也就是第二步中完成的，即一边加热一边调味。在这个过程中，肉片、蒜苗、郫县豆瓣、甜面酱、红酱油等原料的味道，在加热中相互融合，形成新的味道。这种在加热中的调味技术，难度比较大。在调味时，不仅考虑锅内的温度，还要考虑主料、辅料与调料如何有序地汇于一炉，并通过有机的组合变化，做到"有味使之出，无味使之入"，最后达到"五味调和"的至高境界，从而创造出和谐的美味佳肴。

3. 加热后的调味

这种方法，大多是主料、配料、调料分别制作完成后，再组合在一起的方法。

以西餐中的黑胡椒牛扒为例。

原材料：

主料：牛柳，粗黑胡椒碎

配料：土豆

调辅料：洋葱碎，粗黑胡椒碎，白兰地，白葡萄酒，布朗牛肉汤，黄油，盐和胡椒粉

制作过程：

第一步——初加工：将牛柳用刀拍至松软后，两面均匀地粘上少量的粗胡椒碎，放入冰箱冷藏30min备用。

第二步——主料制作：平底煎锅中放入黄油烧热。将牛柳两面撒少许盐，放入油中煎制。待牛柳表面定型后，继续用小火煎制，控制成熟度，保温备用。

第三步——调味汁/少司制作：去除锅内多余的油脂，加洋葱碎和胡椒碎炒香，放白兰地点燃，加白葡萄酒，至酒汁煮干时，加入布朗牛肉汤再次浓缩。待汁稠发亮时，用盐和胡椒粉调味，制成黑胡椒少司。

第四步——配料制作：将土豆去皮，切成3mm厚的圆片，漂洗干净后，放入150℃的热油中，炸成浅黄色后取出，沥油后再放入热的黄油中煎制。待金黄色后，加盐和胡椒粉调味即成。

　　第五步——装盘：将煎好的牛扒、土豆片放于菜盘中，淋上黑胡椒少司即成。

　　黑胡椒牛扒这道菜肴的调味与主料、配料的烹调过程是分离的。牛扒是在煎锅中单独烹制的（第二步骤）、土豆是单独烹调成熟的（第四步骤），而菜肴的调味汁，也就是少司，也是单独完成的（第三步骤），菜肴的最终成型，是在装盘时完成或者称为组装而成（第五步骤）。

　　从菜肴烹调的三种调味方法上分析，第二种调味方法，实际上是在"烹"的过程中，对原料进行调味。这种方法，是中餐十分擅长的，中餐的许多菜肴采取了这种方法，我们称为"一锅成菜"。而西餐的菜肴常常采用第三种方法，即主料、配料与调料分别制作，"烹"与"调"是分离的，就像黑胡椒牛扒，主料牛肉、配料土豆、调味汁黑胡椒少司是分别制作的，它们的结合是在装盘中完成的，这种方法，我们称为"组合成菜"。

　　加热前调味、加热中调味、加热后调味，这三种方法，在实际操作中，中西双方都有所涉及。但相比较而言，中餐擅长在"烹"中调味，讲究"烹"与"调"的有机结合，并形成自身的调味特色；西餐，则擅长将"烹"与"调"分离，并以此形成自身特色。

　　正是因为西餐强调"烹"与"调"的独立，在菜肴制作中，西餐特别重视调味汁，也就是少司的制作。因为少司的质量对菜品的最终味道起到决定性作用，西餐厨房的人员构成也与中餐不同，厨房中有专门人员负责制作少司，而这个人通常是主厨，或者是厨师长。

第五章

西餐烹调方法

通过本章的学习，掌握西餐烹调方法的种类、特点，掌握不同烹调方法的基本操作过程。

学习内容

第一节　西餐常用烹调方法

西餐的烹调方法很多，如煮、炸、烤、扒等。同一种原料，运用不同烹调方法制作出的菜肴，会呈现不同的色泽、质地、风味等特色。

本书根据烹调过程中传热介质的特点，将西餐的烹调方法，归为5类。即：

（1）以液态水为主要传热介质的烹调方法。

（2）以油为主要传热介质的烹调方法。

（3）以热空气为主要传热介质的烹调方法。

（4）以铁板铁条为主要传热介质的烹调方法。

（5）其他烹调方法。

（一）以液态水为主要传热介质的烹调方法

这类烹调方法，通常以水、汤等液体为传热介质，最高温度在100℃或者以下，包括煮、汆、烩、炖等。

1.煮（Boil）和汆（Poach）

煮是指将初步加工或刀工处理后的原料，在水或其他液体（主要包括基础汤、少司、葡萄酒等）中加热成熟的方法。

根据水温的不同，煮分为冷水煮和沸水煮两种。在烹调时，按照加热目的和原料特点不同，选择不同煮法。

（1）冷水煮　原料直接放在冷水中，将其煮熟的方法。一般适合制汤以及形状较大的原料，如肉类等。

（2）沸水煮　原料直接放在沸水中，将其煮熟的方法。沸水煮一般适合形状较小或容易成熟的肉类，以及蔬菜、意大利面等。

西餐中，还常用汆的方法。汆，也称浸煮等，与煮近似，是将加工后的原料在水或其他液体中加热成熟的方法。与煮相比，汆具有以下特点：

（1）成菜速度比较快。

（2）水温比煮低。一般在75~95℃。

（3）主要适合质地细嫩，以及需要保持形态的原料，如鱼片、水波蛋、海鲜以及绿色蔬菜等。

2．烩（Stew）

烩是指将初步加工或刀工处理后的原料，用煎（或其他方法）定型或定型上色后，在少司中加热成熟的方法。

根据少司色泽的不同，烩可分为红烩和白烩两种。

（1）红烩　又称为褐汁烩，是原料煎制定型并且上色后，在褐色少司等深色少司中烩制成熟的方法。菜肴制作成熟后，具有色泽棕褐或者红褐色、味道香浓的特点。

（2）白烩　又称为白汁烩，是原料煎制定型但不上色，然后放在白色少司等浅色少司中烩制成熟的方法。菜肴制作成熟后，具有色泽乳白、味道香浓的特点。

3．焖（Braise）

焖，也称为煨、烧等，是将初步加工或者刀工处理后的大型或者整型原料，用煎（或其他方法）定型或定型上色后，在汤汁中加热成熟的方法。

从基本概念上比较，焖和烩有相似之处，但在实际操作中，烩和焖的区别比较大，其中主要的差别是：

（1）焖多用于形状比较大的原料，特别是肉类原料。

（2）焖的时间通常比较长，且加热过程中需要加盖密封，以形成菜肴口感松软、汁稠味浓的特点。

（3）焖的制作过程中，传热介质一般是体质轻盈的汤汁，而烩的主要传热介质是体质比较浓稠的少司。

（二）以油为主要传热介质的烹调方法

以油为传热介质的烹调方法，是将加工后的原料放在不同温度的油脂中，通过油脂的传热，将原料制作成熟的方法。常见的油脂有植物油和动物油。一般来说，黄油和橄榄油通常不用于温度过高的菜肴制作，如高温炸。

1. 煎（Pan fry）

煎是将少量或者中等量的油脂加热，放入加工后的原料，使之成熟的方法。使用煎的方法烹调时，可以用厚底的煎锅或者铁扒炉。

常用的煎法一般有两种，清煎和拍粉煎：

（1）清煎　将加工后的原料调好味道后，直接放在油中，煎至所需的成熟度的方法。

（2）拍粉煎　将加工后的原料蘸上面粉、面糊、鸡蛋液或者面包屑等原料后，再放在热油中煎制的方法。西餐常见的拍粉煎有"吉利煎"和"面粉煎"两种。吉利煎，也称"过三关"，是将原料依次蘸上面粉、蛋液、面包屑后再煎的方法（图5-1）。"面粉煎"，也称"面粉拖"，是将原料蘸上面粉后再煎制的方法。

图5-1　"过三关"后的原料

2. 炸（Deep fry）

炸是将加工后的原料放在大量的油中烹调成熟的方法。

常用的炸法一般有3种，即清炸、拍粉炸和脆浆炸：

（1）清炸　将加工后的原料调好味道后直接放在油中，炸至所需要的成熟度的方法。

（2）拍粉炸　同煎一样，也是将加工后的原料蘸上面粉、鸡蛋或者面包屑等原料后，再放在热油中炸制的方法。西餐中常见的拍粉炸有"吉利炸"和"面粉炸"两种。吉利炸，也称"过三关炸"，是将原料依次蘸上面粉、蛋液、面包屑后再炸的方法。"面粉炸"，是将原料蘸上面粉后再炸制的方法。

（3）脆浆炸　将加工后的原料蘸上脆浆面糊后再炸的方法。

（三）以热空气为主要传热介质的烹调方法

以热空气为传热介质的烹调方法，是主要通过热空气为传热介质，将原料加热成熟的方法。这类烹调方法，通常需要借助专用设备来完成，如焗炉、烤箱。

1. 烤（Roast）

烤是将原料放入烤箱中，利用热辐射和热空气对流，将原料烹调成熟的方法。

烤具有以下特点：

（1）利用烤烹调成熟的原料，可以是体积相对较大的畜肉类或者整只的禽类、鱼类等。也可以是不同形态的小型原料。

（2）烤制时，根据原料的特点，严格控制火候；容易成熟、质地细嫩、体积较小的原料，一般使用较高的温度，时间比较短；而不容易成熟、质地比较粗老、体积较大的原料，一般使用较低的温度，时间比较长。

（3）为了保持原料风味，通常采取"先高温定型，后低温成熟"的烤制方法。

2．焗（Broil）

焗是将加工后的原料，放在焗炉中，再将原料加热成熟的方法。

焗一般可以分为两种类型：

（1）生焗　将成型后的原料，直接在焗炉中烹调成菜的方法。生焗的原料，一般形状薄、小，容易成熟。

（2）熟焗　将成型后的原料，加热成熟后，再放在焗炉中焗制成菜的方法。熟焗的方法，通常用于菜肴的增香和上色。

焗和烤都属于热空气传热成熟的烹调方法，两者的区别在于：

（1）使用焗法烹调时，原料只受到上方的热辐射，而没有下方的热辐射，因此焗也称为"面火烤"。

（2）焗的温度高、速度快，特别适合质地细嫩的鱼类、海鲜、禽类等原料以及需要快速成熟或上色的菜肴。

（四）以铁板铁条为主要传热介质的烹调方法

铁扒（Grill）。铁扒是将加工后的原料，直接放在铁扒炉（条扒或平扒炉）上，烹调至所需成熟度的方法。

铁扒，需要使用扒炉这种专用设备完成，具有成菜迅速的特点。在运用时还需要注意以下几点：

（1）通常适合形状扁平的原料。

（2）扒炉需提前预热，并刷上油，防止黏连。

（3）使用条扒炉时，可以先将原料扒成需要的网状条纹，再放在烤箱中加热到需要的成熟度。

（4）一些大块、不易成熟的原料，也可以在扒上色后，再放入烤箱中。

（五）其他烹调方法

除了以上烹调方法外，西餐还有许多其他烹调方法，如干烹、炸、拌、蒸、冻等。

（1）干烹　将加工好的原料，直接放在不粘锅中加热成熟的方法。该法的特点是将原料直接放在锅中，不加油。且为防止粘锅，通常使用品质优良的不粘锅。使用这种方法烹调的菜肴，具有少油脂、口感干香的特点（图5-2）。

（2）炒　将加工成丝、片等小型形状的原料，放在有热油的平底锅中，将原料加热烹调成熟的方法。

图5-2　干烹法烹调菜肴

（3）拌　是将加工后可以直接食用的原料，与少司搅拌在一起的方法。拌，是西餐制作沙拉常用的方法，原料常用可以直接食用的蔬菜或者水果。少司单独制作，上菜前，可先淋在主菜上，也可以放在少司斗中，与主菜同上。

第二节　以液态水为主要传热介质的烹调方法训练

一、煮制菜肴训练

（一）冷水煮

菜肴训练：茴香土豆沙拉

原材料：

小土豆250g，沙拉酱50mL，新鲜茴香3g，小洋葱1/2个，西芹30g，柠檬1/2个

制作过程：

（1）土豆洗净，茴香去梗取叶切碎，柠檬取汁，洋葱切成片，西芹切成小条。

（2）锅中放水，将土豆放入，煮熟后取出放在冷水中浸泡。

（3）土豆冷却后，去皮切成块状，放在容器中，加入洋葱片、西芹条、茴香、沙拉酱和柠檬汁拌匀即可。

（二）热水煮

菜肴训练：酸奶芦笋

原材料：

芦笋400g，酸奶30mL，柠檬2个，水田芥、盐和胡椒粉适量

制作过程：

（1）芦笋洗净，去掉粗老部分，柠檬取汁。

（2）水烧沸后，加盐，放入芦笋煮熟后取出，放在冷水中浸泡。

（3）将水田芥、酸奶、柠檬汁、胡椒粉和匀，制成调味汁。

（4）将芦笋放在1个长形盘中，淋上调味汁。

二、烩

菜肴训练一：橙肉烩鲜贝

原材料：

主料：鲜贝（大个）3只（肉重约100g），大橙子1/2个（重约150g），新鲜罗勒20g，盐、胡椒粉少许，洋葱10g，味美思酒10mL，白葡萄酒40mL，鱼肉或者海鲜基础少司70mL，黄油25g

制作过程：

（1）鲜贝横向片成7~8mm的圆片。橙子去皮、去筋，取月牙形果肉备用，罗勒切成丝。

（2）洋葱切碎，与味美思酒、白葡萄酒一同倒入锅中，用中火煮沸，将酒精成分煮掉后，倒入鱼肉基础少司，略煮，过滤。

（3）将鲜贝、橙子肉、罗勒和步骤2制作的少司放在锅中。中火煮沸后，用盐和胡椒粉调味即可。

菜肴训练二：红烩鱼肉

原材料：

鱼肉500g，胡萝卜30g，洋葱30g，番茄50g，番茄酱30g，黄油50g，香叶1片，干白葡萄酒、辣酱油少许，面粉、胡椒粉、糖、盐、鲜汤适量

制作过程：

（1）鱼肉切成块，拌上干白葡萄酒、部分盐、胡椒粉和面粉。胡萝卜切成片，洋葱切成圈，番茄切成小丁。

（2）锅中加部分黄油，熔化后放入鱼肉，将其两面煎黄，取出待用。

（3）锅中加其余黄油，放胡萝卜片、洋葱圈、番茄丁、番茄酱、香叶、辣酱油、糖、盐、少量鲜汤，煮沸后，放鱼肉，转为小火烩熟即可。

三、焖

菜肴训练一：家乡焖肉

原材料：

猪五花肉500g，胡萝卜400g，洋葱150g，番茄酱150g，西芹100g，蒜25g，红葡萄酒少许，色拉油50g，盐、胡椒粉适量，鲜汤750mL

制作过程：

（1）猪五花肉、胡萝卜和洋葱分别切成3cm左右的块，猪五花肉撒上盐和胡椒粉略腌。蒜切成厚片，西芹切段。

（2）锅置旺火上，加色拉油，烧热，加五花肉炒至褐色。

（3）锅中加番茄酱和蒜片炒香，倒入红葡萄酒和鲜汤，西芹放入锅中，加盐和胡椒粉调味。

（4）用大火煮开后，再用微火焖2~3h。在焖1h左右时，加入胡萝卜和洋葱。

（5）起锅前，去掉西芹不用，用中火适当收汁即可。

菜肴训练二：蔬菜焖小羊肉

原材料：

小羊肩背肉或小羊腹肉1000g，色拉油60g，小洋葱400g，胡萝400g，白萝卜300g，四季豆80g，土豆500g，面粉30g，番茄酱40g，香料束1束，大蒜30g，盐、胡椒粉、糖粉适量

制作过程：

（1）去除羊肉上过多的脂肪及筋络，切成50g大的块冷藏备用。

（2）150g胡萝卜和洋葱分别切碎备用，大蒜拍碎。

（3）其余胡萝卜以及白萝卜、土豆削成橄榄形、四季豆去筋切成3cm的段。以上刀工后蔬菜和小洋葱分别焯水，备用。

（4）锅中加油烧热。放入羊肉块煎定型至上色后，加入胡萝卜碎、洋葱碎，炒香出水不变色，加入面粉搅匀，送入烤炉中烤至面粉变色，取出加入番茄酱炒匀，再加入冷水煮沸，撇去浮沫，再加大蒜、香料束、盐、胡椒粉调味。将锅加盖送入200℃烤炉中焖20min左右。

（5）待羊肉软熟入味后，将羊肉块取出，放于另一焖锅中。将羊肉汁过滤，倒于羊肉块上，放煮熟的土豆，调节口味后，重新加盖送入200℃烤炉中焖10~20min，待土豆入味后，加入焯过水的胡萝卜、白萝卜、四季豆和小洋葱，焖入味即可。

菜肴训练三：红酒烧章鱼

原材料：

章鱼500g，小洋葱80g，干红葡萄酒90mL，番茄80g，色拉油20mL，红酒醋40mL，香叶1片，水150mL，黑胡椒碎、盐少许

制作过程：

（1）章鱼清理干净。番茄去皮，切碎。

（2）锅中放入章鱼，炒至水气将干。加色拉油和洋葱，与章鱼一同炒匀。再加入醋、酒、番茄碎、香叶碎黑胡椒碎、盐和水，小火焖1h左右，直到章鱼肉质软嫩即可。

第三节　以油为主要传热介质的烹调方法训练

一、煎

菜肴训练一：橙香石斑柳

原材料：

石斑鱼柳1条（约共110g），鲜橙子1个，鲜柠檬1个，鲜奶油10mL，鸡蛋黄1/2个，白葡萄酒25mL，黄油20g，面粉10g，黑胡椒粉、辣椒粉、番芫荽各少许，盐适量

制作过程：

（1）半个橙子切成片，备用。另半个橙子、1个柠檬榨汁。取1/2汁与少许盐和部分胡椒一起，将鱼柳腌制10min左右。

（2）在面粉中加入少许盐和胡椒粉，和匀。拍在鱼柳表面，在黄油中煎制呈浅金黄色。

（3）鲜奶油、鸡蛋黄、白葡萄酒、剩余的柠檬汁、橙子汁放入碗中和匀。将碗放在沸水上，用力打成稠状，用盐、胡椒、辣椒粉调味，最后将已软的黄油打在汁中，制成香橙少司。

（4）将切片的橙子在盘中围成一圈。将鱼柳放在橙片中间，上面淋上香橙少司。可用番芫荽装饰。

菜肴训练二：干酪蛋包

原材料：

鸡蛋2个（重约80g），鲜奶油15mL，色拉油3g，盐和胡椒粉适量，白色干酪30g，白葡萄酒15mL，盐和胡椒粉适量

制作过程：

（1）鸡蛋打成蛋液，加入鲜奶油、盐和胡椒粉，搅和均匀。

（2）锅中放入1/4色拉油加热，倒入1/4蛋液，加热，并用铲子推成一个橄榄形蛋包，其余蛋液也分别煎成蛋包。将蛋包分别放在4个盘中。

（3）制作过程干酪汁。锅置火上，加入白葡萄酒，煮至散发香味，将干酪切成小块，放入锅中，待干酪熔化后，加盐和胡椒粉。

（4）将制作过程好的干酪汁淋在蛋包上，用艾蒿叶装饰，即可。

菜肴训练三：煎羊肉饼

原材料：

洋葱2个，羊肉250g，鹰嘴豆50g，欧芹萝10g，咖喱粉10g，辣椒4~6个，姜1个，盐少许，水175mL，香菜、薄荷叶少许，柠檬1个，面粉15g，鸡蛋2个，植物油适量

制作过程：

（1）洋葱、部分香菜、薄荷叶以及辣椒、姜切末，羊肉切成丁，柠檬取汁，鸡蛋打成蛋液。

（2）将羊肉、鹰嘴豆、欧芹萝、咖喱粉、辣椒、姜、盐与水一同放在锅中，小火煨焖后，中火收汁。

（3）将收汁后的羊肉等原材料，放在搅拌器中搅拌成肉酱，制作成坯料。

（4）将坯料放在碗中，加香菜、薄荷叶、柠檬汁、面粉和匀。分成10~12份，制成圆饼状，冷冻1h后取出。

（5）将羊肉饼蘸上蛋液后，在热油中煎成金黄色，装盘配柠檬角即可。

菜肴训练四：香煎芝士

原材料：

干酪250g，面粉15g，色拉油60mL，白胡椒粉、柠檬汁少许

制作过程：

（1）将硬质干酪切成1cm左右的厚片。

（2）面粉放入浅盘子中，加胡椒粉和匀，均匀地蘸在干酪厚片的表面。

（3）色拉油放在锅中加热，放入干酪片，将两面煎黄。

（4）将煎好的干酪放在盘子中，淋上少许柠檬汁，趁热上桌。食用时，可以配上新鲜

的面包。

菜肴训练五：煎夹心土豆饼

原材料：

中等土豆4个，面粉50g，鸡蛋1个，面包屑牛50g，牛奶30mL，黄油30g，培根30g，小洋葱1个，色拉油15mL，盐和胡椒粉适量

制作过程：

（1）土豆煮熟，放入容器中，加牛奶和匀后，加少许面粉，揉成面团。将面团分成6份。培根切碎，洋葱切碎。

（2）锅中放入黄油，熔化后加培根和洋葱炒变色。用盐和胡椒粉调味。制作成馅心。

（3）取1份面团放入手心，压一个窝，在窝中放入炒好的培根馅。将面团口收拢，轻压成饼状。依次蘸上面粉、鸡蛋液、面包屑。

（4）锅中放色拉油烧热，依次放入土豆饼，煎成金黄色即可。

二、炸

菜肴训练一：炸香蕉

原材料：

香蕉1只（约100g），砂糖8g，朗姆酒5mL，水20mL，面粉15g，鸡蛋白1/2只，黄油5g，啤酒12mL，白兰地3mL，糖5g，盐少许，色拉油250g

制作过程：

（1）香蕉去皮，纵向切成2片，再横向切半。将香蕉放入容器中，撒上糖，拌匀后，淋上朗姆酒，腌制约1/2h。

（2）制脆浆料。黄油用小火熔化。面粉与盐和匀，筛入容器中。在面粉中开洞，加入已经熔化的黄油、啤酒、水，搅拌成粉浆，加入白兰地，放置约15min。

（3）锅置大火上，加热。将鸡蛋白充分打发，轻轻拌入脆浆内。待油烧热后，将香蕉放入脆浆中均匀裹上一层，放入油锅中，炸制呈金黄色时，取出。吸取多余油脂，装盘。趁热进食。

菜肴训练二：泰式辣椒鱼丁

原材料：

鳕鱼（或其他白色鱼肉）450g，欧莳萝10g，杧果粉20g，香菜籽10g，红、绿、黄辣椒各30g、辣椒粉10g、姜粉5g、盐少许，淀粉30g，油适量

制作过程：

（1）鱼切成丁，放在大碗中，与欧莳萝、杧果粉、香菜籽、辣椒粉、姜粉、盐、淀粉和匀。

（2）油加热至六成热，依次放入鱼丁，炸至金黄色取出，沥去多余的油，保温待用。

（3）将红、绿、黄辣椒切成丁，放在热油中略炸2min左右，取出。

（4）将鱼丁放在盘中，再加入炸好的辣椒丁，略拌即可。

菜肴训练三：炸橄榄鸡卷

原材料：

鸡胸脯肉1块（约150g），鸡蛋1个，黄油、面包屑、色拉油适量，盐、胡椒粉少许

制作过程：

（1）黄油用手捏成小橄榄形待用。

（2）鸡胸用刀拍平（或片薄），撒少许盐和胡椒粉，将黄油放在鸡胸脯中，卷紧，制作成橄榄型的鸡卷。

（3）油烧至150℃左右，将鸡卷蘸上面粉、蛋液、面包屑，放在油中炸至成熟、表面金黄即可。

（4）食用时，可以配炸土豆丝、煮胡萝卜、煮豌豆等。

第四节　以热空气为主要传热介质的烹调方法训练

一、焗

菜肴训练一：鸡蛋比萨

原材料：

熟豌豆25g，熟玉米25g、鸡蛋2个，小洋葱1个，欧芹萝5g，蒜1个，辣椒1个，香菜少许，土豆30g，番茄30g，干酪25g，盐、胡椒粉少许，植物油适量

制作过程：

（1）洋葱、蒜、辣椒、香菜切碎，干酪切成丝。番茄切成片。煮熟土豆后，切成小片。

（2）将少量油加热，放入洋葱、蒜、辣椒、香菜、土豆片、熟豌豆、熟玉米、番茄片，略炒后调味，制作成馅料。

（3）另起锅加少量油，将打散的鸡蛋加入，摊成饼状。

（4）将馅料放在鸡蛋饼上，撒上干酪丝。放在焗炉上，焗至干酪丝熔化，取出即可。

菜肴训练二：蒜蓉焗带子

原材料：

带子4个，软黄油30g，土豆100g，蒜2瓣，番芫荽、洋葱少许，胡椒粉、盐适量

制作过程：

（1）带子洗净，去掉贝壳，除去内脏，放在淡盐水中煮3~5min，取出备用。

（2）大蒜、洋葱、番芫荽分别剁成蓉。土豆洗净，煮至软熟，取出制成蓉。

（3）将软黄油与大蒜、洋葱、番芫荽混合充分，制成黄油馅心。

（4）黄油馅放在带子肉上，用标花袋将土豆蓉挤在带子肉的外围。

（5）放入焗炉中，将土豆蓉表面焗成金黄色。取出烤好的带子放在盘中，用少许番芫荽点缀。

二、烤

菜肴训练一：干酪番茄烤面包

原材料：

番茄2个，干酪（选择色白较软的品种，最好是意大利软干酪（MOZZARELLA））60g，蒜1瓣，橄榄油60mL，法国面包1/2条，盐和胡椒粉少许

制作过程：

（1）番茄去皮，切成小丁。干酪切成小丁。取1/2瓣蒜切碎。面包切成厚片。

（2）将番茄丁、干酪丁、蒜碎、放在容器中，加入盐、胡椒粉和色拉油拌匀。

（3）用剩余的蒜将面包片的两面涂抹均匀。面包放入烤箱中烤香。

（4）将烤好的面包摆在盘中，上面放上拌好的番茄干酪即可。可用新鲜的香草末（如他力根末、罗勒末等）点缀。

菜肴训练二：烤甜椒

原材料：

甜椒3个（红、黄、绿各一个），小白蘑菇100g，洋葱20g，茄子80g，樱桃番茄80g，色拉油50mL，新鲜柠檬半个，盐、胡椒粉、味精适量

制作过程：

（1）甜椒从中间切成两半，去籽，刷上少许油，撒少许盐和胡椒粉略腌。

（2）茄子切成2cm见方的块，樱桃番茄切成2~4瓣，洋葱切碎，柠檬取汁。

（3）色拉油放在锅中，烧热后，依次放入洋葱、茄子、蘑菇炒香，取出放入碗中。加入番茄、盐、胡椒粉、味精和少许柠檬汁，和匀制成馅料。

（4）将馅料分别放在每个甜椒中。甜椒用锡箔纸包好，放在180℃的烤箱中烤15~20min即可。

菜肴训练三：酿茄子卷

原材料：

茄子300g，大米25g，大葱2根，大蒜1瓣，鸡蛋1个，色拉油10mL，番茄酱30g，白醋和糖少许，盐和胡椒粉适量

制作过程：

（1）茄子、大葱洗净。蒜捣碎。鸡蛋打散。大米蒸熟，放入大碗中，加入蒜泥、葱花、鸡蛋、盐和胡椒粉，制成大米饭馅。

（2）茄子切去两头，竖切成约0.5cm厚的大片，焯水，沥干。大葱切成葱花。

（3）茄子铺好，逐个放上大米饭馅。将茄子卷，成卷用牙签固定。在茄子表面刷上少许油，放在耐热的容器中。

（4）将番茄酱、糖、醋、盐、胡椒粉、水和匀，浇在茄子上。放在180℃的烤箱中烤20~30min左右。取出，放在盘中，将烤后剩下的汁水放在锅中，略收浓，浇在茄子上即可。

第五节　以铁板铁条为主要传热介质的烹调方法训练

一、条扒炉

菜肴训练一：扒串烧香蕉

原材料：

香蕉2个，棉花糖100g，巧克力块60g，新鲜柠檬1/2个，水淀粉适量

制作过程：

（1）条扒炉预热。

（2）柠檬取汁。香蕉去皮，裹上一层柠檬汁，防止变色。切成大块。将香蕉和棉花糖依次穿在签子上（每个签子穿2个棉花糖、1个香蕉块）。

（3）条扒炉上刷上油，将穿好的原材料放在条扒炉上，扒香上色。

（4）巧克力块切碎。巧克力碎块放在锅中，加热水，用小火慢慢熔化，不时搅拌。用水淀粉调节浓稠度，制成巧克力酱汁。

（5）将烤好的香蕉和棉花糖放在盘中。另用碗配巧克力酱汁，食用时蘸食即可。

菜肴训练二：扒菠萝片

原材料：

新鲜菠萝一个，黄油100g，白糖90g，姜粉5g

制作过程：

（1）条扒炉预热，菠萝去皮，切成厚片。

（2）黄油、白糖、姜粉放入小锅中，用中小火慢慢将黄油熔化，倒入容器中保温待用。

（3）将菠萝放在条扒炉上，边扒边刷黄油，直到菠萝扒出条纹，有香味即可。

菜肴训练三：鸡肉沙嗲

原材料：

鸡胸脯肉300g，酱油25mL，柠檬汁、香油各20mL，烤熟的去皮花生50g，葱花20g，蒜末20g，咖喱粉3g，蜂蜜5mL，盐少许

制作过程：

（1）条扒炉预热。鸡肉切成长条，分别穿在签子上。盐、酱油、柠檬汁和香油混合成调味汁。

（2）将鸡肉放在条扒炉上烹调成熟。在扒制过程中，不断刷上调味汁。

（3）将花生、葱花、蒜末、咖喱粉、蜂蜜、水和5mL酱油放在搅拌器中，打成酱状。放在锅中，用小火熬煮至稠。

（4）鸡肉趁热上桌，配上热的花生酱，蘸食。

二、平扒炉

菜肴训练一：平扒鱼饼

原材料：

鱼肉300g，鸡蛋1个，葱50g，鱼露30g，盐、胡椒粉。面粉适量，色拉油适量

制作过程：

（1）铁扒炉预热。

（2）鱼肉切成块。葱切成葱花。鱼肉块、鸡蛋、鱼露、盐、胡椒粉放在搅拌器中搅成蓉，加入面粉、葱花和匀。鱼肉馅压成饼状。

（3）扒炉刷上油，将鱼肉饼放在热油中煎成两面酥香。

（4）鱼肉饼放在盘中，配少许蔬菜以及柠檬片。

菜肴训练二：串烧海鲜

原材料：

大虾1只，鱼肉50g，鲜墨鱼50g，甜椒100g，洋葱50g，色拉油、柠檬汁适量、盐和胡椒粉少许

制作过程：

（1）墨鱼、大虾初加工后切成片，鱼肉、洋葱、甜椒也切成大小均等的片。

（2）将主辅料分别穿在竹签上。

（3）扒炉烧热，将盐和胡椒粉撒在海鲜的表面，放在炉上将表面煎成熟。

（4）将原材料放在盘中，去掉竹签，淋上柠檬汁即可。

第六节　其他烹调方法的训练

一、蒸

菜肴训练：蒸蔬菜牛肉卷

原材料：

牛肉200g，中等洋葱1个，色拉油10mL，熟松子30g，4片卷心菜叶，胡椒粉少许

制作过程：

（1）牛肉剁成馅。洋葱切碎，松子去壳。卷心菜用沸水煮软，取出，切去硬梗。

（2）锅中加油，放入洋葱炒软，加入盐、胡椒粉、松子和牛肉，熟后待用。

（3）将煮软的卷心菜放案板上，依次取馅放在卷心菜上，将卷心菜卷好，放在大火的蒸笼里蒸熟。蒸熟后切成小段，放入盘中即可。

二、炒

菜肴训练一：咖喱金针菇

原材料：

金针菇150g，咖喱粉10g，盐、色拉油适量

制作过程：

（1）金针菇洗净，切去根部。

（2）油烧热，加入金针菇炒软后，加盐和咖喱粉炒香即可。

菜肴训练二：**俄式炒牛柳**

原材料：

牛腰柳肉600g，橄榄油100g，蘑菇200g，洋葱100g，大蒜40g，干白葡萄酒100mL，面粉20g，匈牙利甜红椒粉20g，番茄酱20g，牛肉汤150mL，刁草5g，他力根香草5g，辣酱油、盐和胡椒粉适量，酸奶油50mL，芥末酱20g，番芫荽碎20g

制作过程：

（1）将牛柳切成条，蘑菇切成片，洋葱切丝，大蒜拍碎，番芫荽切碎，芥末酱加少许牛肉汤稀释。

（2）炒锅中放入橄榄油烧热，入牛肉条炒匀，至牛肉刚熟时取出。

（3）锅中放入洋葱丝炒上色，加蘑菇片和大蒜碎炒软，加干白葡萄酒，待酒汁将干时加面粉、匈牙利甜红椒粉和番茄酱炒匀，加牛肉汤煮沸，加刁草、他力根香草、辣酱油、盐和胡椒粉调味。至汤汁浓稠时放入炒熟的牛肉条，裹匀酱汁后离火，加入酸奶油和芥末酱拌匀即可。

（4）取一圆盘，放入煮熟的白米饭或意大利通心粉，放上牛柳，淋入酱汁，撒番芫荽碎即成。

三、拌

菜肴训练一：奶油汁拌蘑菇黄瓜

原材料：

黄瓜2根，白蘑菇8个，鲜奶油60mL，酸奶油60mL，柠檬汁、盐少许

制作过程：

（1）黄瓜洗净去皮，切成小块。白蘑菇洗净，煮熟后，每个切成4等份。黄瓜、蘑菇均装入盘中。

（2）鲜奶油、酸奶油、柠檬汁、盐制成奶油调味汁。

（3）将奶油调味汁浇在黄瓜和蘑菇上。

菜肴训练二：希腊沙拉

原材料：

番茄500g，黄瓜1根，绿色甜椒1个，洋葱1个，去核橄榄60g，白色干酪85g，白醋25mL，橄榄油75mL，盐、胡椒粉适量

制作过程：

（1）番茄竖切成6~8瓣，再将每块横切为二。黄瓜去皮，竖切成两半，去籽，切成2cm左右的小块，甜椒切成2cm左右的小块，洋葱横切成薄的环状，干酪切成2cm大小的块。

（2）将准备好的原材料放在容器中，加入橄榄。

（3）醋、油、盐和胡椒粉和匀，制成调味汁，淋在原材料上，轻轻拌匀。

菜肴训练三：秋蔬沙拉

原材料：

胡萝卜250g，根芹250g，葡萄干50g，沙拉酱80mL，白醋20mL，色拉油50mL，糖少许，盐、胡椒粉适量

制作过程：

（1）胡萝卜、根芹去掉外皮，洗净，分别切成细丝。

（2）根芹放在热水中，煮熟取出，晾凉，拌上沙拉酱。

（3）醋、色拉油、糖、盐和胡椒粉，放在容器中调匀，制成油醋汁，加入胡萝卜、葡萄干拌匀。

（4）将胡萝卜和根芹丝并排放在盘子中。

四、冻

菜肴训练一：什锦鹅肝冻

原材料：

胡萝卜100g，芦笋8根，四季豆120g，根芹120g，熟青豆蓉120g，熟鹅肝200g，番茄3个，鸡肉胶冻汁300g，结力冻片3片，盐、胡椒粉、香草酒醋汁各适量

制作过程：

（1）胡萝卜、芦笋分别去皮、洗净，切条后焯水至熟后。将根芹切成长片；鹅肝切成长条块。把鸡肉胶冻汁加热融化，加入用水泡开的结力冻片搅匀。另将约100g的胶冻汁倒入青豆蓉中搅匀备用。

（2）在方形模具的内壁，依次、逐层地放入青豆蓉、胡萝卜条、芦笋、鹅肝条、四季豆、根芹片和番茄块，每铺放一层，就浇一层结力胶冻汁，直至铺完。将成型的模具坯料冷藏。

（3）上菜前，将冷藏的鹅肝冻脱模取出，切成厚片，装于菜盘中，盘边淋上酒醋汁，用香草、番茄等点缀即成。

菜肴训练二：三色干酪球

原材料：

质地柔软的干酪250g，番芫荽50g，坚果（坚果可以是花生、核桃等）60g，匈牙利辣椒粉10g，胡椒粉少许

制作过程：

（1）番芫荽洗净切碎，坚果放在烤箱中烤香酥。取出晾凉，碾碎。

（2）干酪放在碗中，加番芫荽和胡椒粉和匀。搓成直径2~3cm的圆球。盖上湿布，防止表面变干，冷藏20min以固定形状。

（3）将辣椒粉、番芫荽末、坚果碎分别放在三个盘子中。将冷藏的干酪球分成三份，分别蘸上辣椒粉、番芫荽末、坚果碎。

（4）将三种干酪球按照颜色的不同，间隔放在盘中。

菜肴训练三：猪肉酱

原材料：

猪肉450g，洋葱150g，鸡蛋2个，黄油50g，盐和胡椒粉少许，芥末酱少许

制作过程：

（1）将猪肉、洋葱切成3cm左右的块状。鸡蛋煮熟，切成粒状。

（2）猪肉块和洋葱块放在锅中，用小火煮20~30min，直到充分熟软。将煮软的猪肉、洋葱和熟鸡蛋放在搅拌器中搅成泥状。

（3）将黄油、盐、胡椒粉、芥末酱放在肉泥中，调和均匀。

（4）将调好味的肉酱，放在长条形的模具中，放入冰箱中冷却。取出切片。

五、酿

菜肴训练：酿馅鸡蛋

原材料：

鸡蛋4只，沙拉酱50g，黄油25g，盐、胡椒粉适量

制作过程：

（1）鸡蛋煮熟，去壳，切成2半。

（2）取出鸡蛋黄，压细。加入沙拉酱、黄油、盐和胡椒粉拌匀，制成蛋黄馅。

（3）将蛋黄馅装入裱花袋中，裱在鸡蛋白中间。

思考题

1. 本书将烹调方法归为哪些类型？

2．以液态水为传热介质的烹调方法有哪些？各有什么特点？

3．以油为传热介质的烹调方法有哪些？各有什么特点？

4．以热空气为传热介质的烹调方法有哪些？各有什么特点？

5．以铁板为传热介质的烹调方法有哪些？各有什么特点？

6．掌握不同烹调方法的概念。

7．掌握每种烹调方法的1~3个菜肴的制作过程工艺。

课外阅读
谷物类常用的烹调方法

西餐中常用的谷物有大米、意大利面条等。一般来说，谷物的烹调方法比较简单，多用以水作为传热介质的方法。比较常用的烹调方法是煮。

1．大米常用的烹调方法

（1）煮（焖）　这种烹调方法，除了适合大米外，也适用于其他任何谷物和豆类的烹调，例如玉米和豆类原料等。

煮（焖）大米的工艺流程：

谷类或豆类食品原料洗净→加冷水→用大火煮沸→转为小火将原材料焖熟

需要注意的是，原料在洗净后，也可以先用冷水浸泡，可以减少烹调时间。

（2）蒸　蒸大米的工艺流程：

米洗净→加适量的水→放在容器中→盖上容器的盖子→放入蒸箱或烤箱里蒸熟

（3）捞　捞大米的工艺流程：

锅中放水→加少量的盐煮沸→将洗好的大米放进沸水中煮至刚熟→捞出→沥干水分，放在容器中→放在蒸箱中（也可以盖住容器，放入烤箱内）蒸熟

需要注意的是，用捞的方法制出的米饭软硬度较为理想，但会有较多的营养素流失。

（4）焖烧　焖烧大米的工艺流程：

大米用黄油煸炒→加鸡原汤和少量的盐→大火煮沸→转为小火把米焖熟

这种烹调方法的最大优点是米粒分散，增加了米饭的香味。焖烧的方法，是西餐常用的烹调大米的方法，许多著名菜肴都是用这种方法制作的。

2．意大利面条常用的烹调方法

意大利面条的主要烹调方法是水煮。水煮意大利面条的工艺流程：

将少许盐放入水中，大火将水煮沸→逐渐地放面条，以保持水的温度→煮熟后，用漏勺将面条从煮锅里捞出

注意事项：

（1）在煮的过程中，一般不要盖锅盖。

（2）应当掌握烹调时间，避免煮得过烂。

（3）在煮面条时，要轻轻搅拌，避免黏连。

（4）煮熟后的面条，若制作沙拉类冷菜，需用冷自来水完全冲凉。如果需要热的意大利面条时，不要将它完全冲凉，应当冲至半凉状态，保持一定的热度。意大利面中可再用少量食油搅拌。

第六章

欧美西餐菜肴

学习目的

通过本章的学习，了解西餐菜肴的基本分类。掌握开胃菜的特点、制作工艺；汤菜的分类、特色、制作工艺；沙拉的基本构成、制作工艺；主菜的特点、制作工艺；甜点的制作工艺。

学习内容

第一节 开胃菜制作

开胃菜，也称作开胃品、头盘或餐前小食品，是西餐中的第一道菜，或主菜前的开胃食品（图6-1）。包括各种小份额的冷开胃菜、热开胃菜和开胃汤等。它具有菜肴数量少，菜肴味道清新，色泽鲜艳，开胃和刺激食欲的特点。

由于开胃菜是西餐的第一道菜，因此，对菜肴的原材料、色泽、质地、数量的搭配要求很高，尤其是在装盘上。为了保证菜肴质量，开胃菜在装盘上，具有以下特点：

（1）在接近就餐时间时，制作或装饰开胃菜。以保持开胃菜的颜色、味道和新鲜，使鲜嫩的原材料鲜嫩，使酥脆的原材料酥脆。

（2）开胃菜讲究造型，但不要过分地装饰，应当使它们大方、朴素、有艺术性。

（3）装盘时注意控制开胃菜的温度，热菜应当是很热的；冷菜应当是凉爽的。

图6-1 各种开胃菜

（4）装盘时严格掌握开胃菜的量，防止原材料用量过大。

训练一、法式焗蜗牛

1. 原材料

蜗牛200g，蒜蓉50g，黄油200g，干白葡萄酒100g，香叶2片，百里香3g，番芫荽碎30g，黑胡椒粉10g，盐适量，洋葱片50g，洋葱碎20g，胡萝卜片30g，西芹片30g

2. 制作过程

（1）洋葱、胡萝卜、西芹洗净切块备用。

（2）蜗牛用盐反复搓洗去掉黏液，冲洗干净后放入锅中加洋葱、胡萝卜、西芹，水烧开后转小火将蜗牛煮至熟软。

（3）取150g黄油放不锈钢盆中，反复搅拌至松软，加入部分蒜蓉、番芫荽碎、盐搅拌均匀。

（4）少司锅中放入适量黄油加热，加入洋葱碎及少许蒜蓉炒香，放入煮熟的蜗牛反复煸炒，放入干白葡萄酒及香叶、百里香慢慢将蜗牛炒入味。

（5）取蜗牛壳，每个壳里面放入一只蜗牛，用黄油蒜泥将蜗牛壳封严。放入焗炉中（180~200℃）焗至蜗牛表面黄油熔化，出香上色即成。

3. 菜肴分析

（1）制作黄油蒜泥时，加入的番芫荽碎要尽量挤干水分。蜗牛要小火慢慢煮至熟软，否则口感较硬。

（2）装盘时，可在盘中加适量土豆泥，起固定蜗牛壳的作用，避免滑动。

（3）为迎合国内客人口味，在制作时用加饭酒代替干白葡萄酒，葱花、芹菜碎代替蕃芫荽碎，炒制蜗牛时还可加入少量咖喱粉。

（4）菜肴特点：菜肴成型美观，蒜香味突出，蜗牛软而不烂。

训练二、鸡肝酱批

1. 原材料

鸡肝1000g，波尔图酒、马德尔酒适量，胡萝卜小粒60g，西芹粒30g，冬葱碎350g，咸肉丁150g，猪肥膘薄片2片，鸡蛋4个，猪颈肉500g，盐18g，胡椒粉2g，豆蔻粉0.5g，打发的淡奶油300g，大蒜碎45g，澄清的黄油、白兰地、番芫荽碎适量

2. 制作过程

（1）鸡肝洗净，去除胆汁部分和积血，沥干水分。将鸡肝放入盆中，加马德尔酒和波尔图酒，浸泡12h备用。

（2）锅中加黄油烧热，加胡萝卜碎和冬葱碎炒香，放入鸡肝块炒匀，加白兰地点燃，烧出酒香味，加咸肉丁和番芫荽碎炒香备用。取方形食模，铺匀薄的肥肉片备用。

（3）将腌过的鸡肝，猪肉等搅成碎泥，加入盐、胡椒粉、豆蔻粉、打发的淡奶油、马德尔酒、大蒜碎和鸡蛋，拌成肉酱泥。将肉酱泥装入方形食模中，用肥肉薄片盖面，成肉酱初坯。

（4）肉酱坯放入150℃的烤箱内烤制。待肉酱上色后，降温至100℃，再烤4h，熟透后取出肉坯，去除肥肉片，淋上烤肉汁，放入冰箱中冷藏。上菜时切成厚片即成。

3. 菜肴分析

（1）鸡肝以选择特殊香肥的大白鸡肝为佳。因脂肪多，味鲜美而著称。若用普通鸡肝则因血色重而腥异味浓，质感较差。

（2）应剔除鸡肝上沾胆汁的部分，以保证成菜的风味。

（3）菜肴特点：味咸鲜香浓，肉酱紧实，口感细腻滑嫩。

训练三、西班牙煎蛋奄列

1. 原材料

鸡蛋8~12个（2~3个1份），培根片40g，洋葱碎100g，大蒜碎80g，青椒片50g，红椒50g，土豆片80g，番茄碎200g，香叶2片，百里香10g，细香葱20g，黄油40mL，橄榄油40mL，盐和胡椒粉适量

2. 制作过程

（1）橄榄油烧热，放入培根炒香，加洋葱碎和大蒜碎炒匀，再加青椒、红椒、土豆和番茄炒出味，离火晾凉备用。

（2）将鸡蛋调散，放入炒香的培根等辅料，加盐和胡椒粉拌匀。

（3）平底煎锅内加黄油烧热，倒入蛋浆，加盖用小火烘焖，定型后翻面。待蛋饼熟透后装盘，用细香葱装饰即成。

3. 菜肴分析

（1）炒辅料时用小火，将蔬菜完全炒软后，蛋饼的香味才浓厚。

（2）蛋饼较厚，煎制时要用小火，慢慢烘焖，切忌焦煳。有条件可以用烤箱烘烤。

（3）菜肴特点：菜肴形状完整，色彩鲜艳，味香、咸鲜，蛋香味浓。

训练四、奶油芝士焗鲜蘑

1. 原材料

鲜蘑菇300g，芝士碎20g，洋葱20g，蒜蓉5g，白兰地5g，番芫荽碎5g，黄油20g，鲜奶油30g，盐、胡椒粉适量

2. 制作过程

（1）蘑菇洗净切片。

（2）煎盘内放入黄油加热，加入洋葱碎、蒜蓉炒香，倒入白兰地点燃，加入蘑菇炒出水

分，转小火将水分炒干，加鲜奶油、盐、胡椒粉调味。

（3）将蘑菇盛入盘中，上面撒芝士碎、番芫荽碎，放入焗炉中（200℃左右）将芝士焗至熔化上色即成。

3. 菜肴分析

（1）蘑菇要用小火炒干水分，否则味道欠佳。

（2）芝士要大火快速焗至熔化上色，加热时间过长会影响菜肴质量。

（3）可将蘑菇用土豆、花菜等蔬菜代替制成变化菜式。

（4）菜肴特点：芝士香味浓郁，色泽金黄。

训练五、鲜虾啫喱

1. 原材料

虾仁3个，胡萝卜20g，西兰花20g，熟鸡蛋1个，鱼胶粉20g，白兰地5g，水200g，干白葡萄酒10g，番芫荽少许，盐适量

2. 制作过程

（1）鱼胶粉放锅中，将烧开的水慢慢加入，不停搅动使鱼胶粉充分溶解，加入盐、干白葡萄酒搅匀晾凉后加入白兰地。

（2）胡萝卜、西蓝花洗净切碎，分别放漏斗中用水焯一下，分开熟鸡蛋的蛋黄、蛋白切碎。

（3）取一布丁碗，加少许鱼胶粉汁，放冰箱冷凝后放2个虾仁，再加少许鱼胶粉汁刚淹没虾仁，放入冰箱冷凝后加入胡萝卜碎，再倒鱼胶粉汁淹没胡萝卜碎后放冰箱冷凝，以此类推，依次加入西蓝花碎、蛋白碎、蛋黄碎，放冰箱冷藏。

（4）上菜时将布丁碗倒扣在盘中，啫喱上面放一虾仁，用番芫荽装饰即成。

3. 菜肴分析

（1）这是一款胶冻类菜肴，这类菜肴大都具有较高的观赏价值。

（2）鱼胶粉溶解时一定要充分，如果有结块将其过滤。

（3）每一种原材料加入布丁碗时要分散均匀，要等全部冷凝后再加入另一种原材料，这样制作出来分层效果较好。

（4）上菜时可将布丁碗放热水中浸一下，避免啫喱与布丁碗黏连。

（5）菜肴特点：菜肴晶莹剔透、色泽丰富、层次感突出。

训练六、鹅肝茄子沙拉

1. 原材料

鹅肝200g，茄子200g，番茄1个，蒜蓉10g，阿里根努少许，牛奶300g，番芫荽少许，盐、黑胡椒粉适量

2. 制作过程

（1）将鹅肝去筋，在牛奶中浸泡半小时左右除去腥味。取出沥干，撒盐、黑胡椒粉腌渍20min左右。

（2）煎锅中放油加热，放入鹅肝煎熟后晾凉，切片备用。

（3）番茄切片两面稍煎一下。

（4）茄子切片撒盐、黑胡椒粉、蒜蓉、阿里根努拌匀后煎熟备用。

（5）盘内每放一片番茄，旁边放一片茄子，中间放煎熟的鹅肝摆放成环形，用番芫荽装饰即成。

3. 菜肴分析

（1）鹅肝是西餐中较为名贵的原材料，一般经特殊育肥的"肝用鹅"其肝的重量可以达到1千克左右，为制作菜肴的上品。

（2）煎制鹅肝时勿用黄油，否则，鹅肝晾凉后黄油会凝固在鹅肝表面，影响菜肴质量。

（3）茄子最好在装盘前再煎制，因为煎好后放置时间长了会变软，成型效果较差。煎制番茄时间要短，番茄稍上色即可，否则容易软烂。

（4）如果鹅肝较大，可切片后再煎制。

训练七、煮芦笋木斯林少司

1. 原材料

芦笋1500g，蛋黄2个，黄油125g，柠檬1/4个，打发的奶油25mL，盐、黑胡椒粉适量

2. 制作过程

（1）将黄油放入锅中，水浴加热至黄油熔化、分层，取上层的澄清黄油，保温备用。

（2）将蛋黄放入盆内，加入热的澄清黄油，于50~55℃的温度下，用蛋抽搅拌成乳稠状的少司后，加调料调味。将少司过滤，保温（40~50℃）备用。上菜前再加入打发的奶油即成木斯林少司。

（3）将芦笋去除外皮（保留顶部笋尖的外皮和形状），切成段，洗净后沥水。用细线捆绑成束。

（4）将芦笋束放入沸盐水中，煮15~20min，熟后取出。去除细线，装入盘中，配木斯林少司，上菜即成。

3. 菜肴分析

（1）控制芦笋煮制的火候，若煮过火，会丧失原有的风味，还会带有涩口的味道。

（2）若是用做冷食头盘，应将煮熟的芦笋漂冷，沥水备用。热食反之。

（3）少司制作时，清黄油应分次加入，边加边搅拌，同时控制好温度。

（4）菜肴特点：主料清鲜适口，少司咸中带酸，有浓厚的奶油香味，味道适宜。

训练八、腌蔬菜希腊风味汁

1. 原材料

蘑菇1500g，朝鲜蓟2000g，花菜1600g，节瓜600g，洋葱200g，橄榄油100mL，白葡萄酒100mL，柠檬2个，香料束1束，大蒜2个，盐、粗胡椒粉、番芫荽适量

2. 制作过程

（1）洋葱切成块。将大蒜、番芫荽、粗胡椒粉粒包入香料袋中。蘑菇洗净、切块。朝鲜蓟去外皮和内心，洗净后抹上柠檬汁，切成小块。节瓜洗净、切段。花菜去菜叶，切成小朵状。

（2）锅中放橄榄油烧热，加洋葱碎炒香，放入蘑菇、朝鲜蓟、节瓜和花菜炒匀，加入柠檬汁、白葡萄酒、香料束以及胡椒和盐。倒入少量清水，加盖煮焖30min，去除锅盖，将煮汁倒入盆中，冷却后冷藏备。

（3）上菜前，将主料与煮汁拌匀，装入盘中，点缀即成。

3. 菜肴分析

（1）主料以新鲜、柔嫩为佳。品种多样，突出时令性。

（2）这道菜肴也可加一些新鲜的番茄碎，或用番茄少司辅助调味，会增添更特别的风味。

（3）可另外加些西芹和小洋葱等，用同样的方法进行烹制，以增加蔬菜的香味。

（4）菜肴特点：咸中带酸，清爽解腻，带有胡椒和香草的清香，口味适宜。

训练九、意式烤酿时蔬

1. 原材料

大番茄10个，茄子5根，南瓜花10朵，大蘑菇10个，鸡胸肉（或牛肉）500g，鸡蛋1个，橄榄油100mL，罗勒香草1束，白色鸡肉基础汤1L，蒜碎200g，洋葱碎500g，奶酪碎、面包屑、淡奶油适量

2. 制作过程

（1）将各种蔬菜的内瓤掏空，将掏出的蔬菜瓤和鸡胸肉一同切细，加蒜碎、洋葱碎，用油炒香，再加罗勒香草、鸡蛋1个、面包屑和淡奶油，搅匀后加盐和胡椒粉成馅料。

（2）再依次将肉馅酿入蘑菇、茄子、南瓜花、番茄中，撒上盐和胡椒粉，刷上橄榄油，送入180℃的烤炉中烤10min后取出，表面撒上干酪碎再烤5min备用。

（3）在烤制出来的汁液中，加入少许白色鸡肉基础汤和罗勒香草，加热浓缩，最后加橄榄油增亮，成少司。

（4）将做好的酿馅蔬菜装入菜盘中，淋上少司即成。

3. 菜肴分析

（1）馅料可以变化成烟肉碎、火腿碎等。

（2）主料可以用番茄、洋葱、土豆、南瓜花、茄子、蘑菇等各种蔬菜。

（3）菜肴特点：蘑菇鲜香、馅料味感丰富、适口宜人。

第二节 汤菜制作

汤菜是以基础汤或水为基本原材料，通过加入不同的配料和调味料制作而成。它可以作为开胃菜后的第二道菜，也可以直接作为第一道菜，具有开胃润喉、增进食欲的作用。

根据特色不同，一般可将汤分为三大类，即清汤、浓汤和特殊风味汤。

1. 清汤

清汤是清澈透明的液体。通常它以白色牛原汤、棕色牛原汤、鸡原汤为原材料，经过调味，以适量的蔬菜和熟肉制品装饰而成。清汤又可分为3种：①原汤清汤：由原汤直接制成的汤，通常不过滤。②浓味清汤：将原汤过滤，调味后制成的汤。③特制清汤：将原汤经过精细加工制成的汤。这种汤适用于高级餐厅。

2. 浓汤

浓汤是不透明的液体，是在原汤中加入奶油、黄油面酱或菜泥等制作而成。浓汤又可分为4种。奶油汤将基础汤慢慢倒在黄油面酱中，用木铲或抽子不断搅拌，将汤煮至黏稠，过滤，放入鲜奶油或牛乳调味，以此制作而成的浅黄色的、味鲜美、有奶油鲜味的汤。蓉汤是将含有淀粉质的蔬菜（土豆、胡萝卜、豌豆等）放入原汤中煮熟后，放在碾磨机中碾磨，将碾磨好的蔬菜泥与原汤放在一起，经过滤，调味而成。海鲜汤和奶油汤很相似，它是以海鲜（龙虾、虾、蟹肉）为配料制出的浓汤。什锦汤也称为杂汤，其制作方法各异，有鱼什锦汤、海鲜式锦汤、蔬菜什锦汤等。

3. 特殊风味汤

特殊风味汤指根据世界各民族饮食习惯和烹调艺术特点制作的汤。这类汤在制作方法或原材料方面比一般的汤更具有代表性和特殊性。如法国洋葱汤、意大利面条汤、西班牙凉菜汤及秋葵浓汤等都是非常有特色的汤。

汤菜在装盘和装饰上，具有以下特点：

（1）通常使用汤盅或汤盘进行装盘。

（2）分量比较小。

（3）点缀原材料外观诱人，并且在色泽、质地、味道等方面与不同种类的汤菜相得益彰。

一、清汤菜的制作

清汤，是指汤色清澈、透明的汤，在西餐中属于较高级汤。根据基础汤（原汤）的不同，清汤分为牛肉清汤、鸡肉清汤等。以下以牛肉清汤为例。

牛肉清汤的制作：

1. 原材料

牛肉基础汤1500g，牛精瘦肉400g，洋葱150g，胡萝卜100g，西芹100g，蛋清2个，番芫荽叶、胡椒碎少许。

2．制作过程

（1）将牛精瘦肉切碎。胡萝卜、西芹、洋葱切碎。

（2）将切碎的牛精瘦肉、胡萝卜、西芹、洋葱等原料放入锅中，搅匀，再倒入冷却后的牛肉基础汤，加盐后上火煮至微沸，去浮沫和浮油。

（3）小火保持沸而不腾，煮1h左右，待汤清透明时，加少许番芫荽叶和胡椒碎，略煮，将汤过滤，保温即成。

3．菜肴分析

（1）清汤过程中，应及时撇去浮沫及浮油，否则易使半肉汤混浊，且易产生不良异味。

（2）注意火候控制，先用大火烧沸，再用小火保持微沸，可使煮出的汤色清、味鲜。

（3）清汤过程中应用小火，保持微沸为佳。牛肉碎受热凝固后，就不宜过多搅动以免使汤混浊。可同时放适量的盐，便于蛋白质凝固，汤易清澈透明。

（4）汤过滤后，若汤面有浮油，可用吸水纸吸去浮油，保证汤色纯正。

（5）鸡肉清汤的做法，与牛肉清汤相同。

（6）以牛肉清汤、鸡肉清汤等为主要原材料，经过调味，配上少量蔬菜或熟肉制品等制作而成的汤，称为清汤菜。

训练一、蔬菜粒牛肉清汤

1．原材料

褐色牛肉清汤1500g，胡萝卜150g，白萝卜150g，四季豆80g，青豆80g，盐适量

2．制作过程

（1）将胡萝卜、白萝卜、四季豆、青豆等蔬菜，切成约5mm大小的粒，分别焯水至熟，备用。

（2）上菜前，先用少许牛肉清汤将蔬菜粒热透后，放入汤碗中，再加其余热的牛肉清汤，加盐即成。

3．菜肴分析

（1）本菜肴中的蔬菜，并无固定，一般选择味道清淡的蔬菜。

（2）菜肴特点：色泽浅茶色，汤清味醇厚。

训练二、清汤鸡丸

1．原材料

鸡肉清汤2000g，鸡肉馅350g，鸡蛋清1个，鲜奶油100mL，盐和胡椒粉适量

2．制作过程

（1）鸡肉馅放在大碗中，加蛋清搅匀后，分次加入鲜奶油，最后加盐和胡椒粉和匀。

（2）用勺舀出鸡肉馅，将其制成2cm左右长的橄榄形，放在沸水中煮熟，取出，分别放在汤盘中。

（3）鸡肉清汤用盐调味，煮沸后，分别倒入汤盘中。

3. 菜肴分析

（1）用勺舀出鸡肉馅前，先要抹上油。

（2）鸡肉馅放在沸水中煮熟，水要保持微沸，以免冲散肉馅。

<hr>

二、奶油汤的制作

奶油汤，又称"忌廉汤"，是用黄油面酱（油炒面粉）作为增稠料制作的一种乳白色、有光泽、细腻而浓滑的汤。

在奶油汤中加入不同的配料，便制作出不同的奶油汤菜，而且汤菜一般以配料的名称命名，例如以蘑菇为配料，即"奶油蘑菇汤"；以芦笋为配料，就称为"奶油芦笋汤"等。

用作奶油汤菜，关键在于制作奶油汤。一般奶油汤的制作如下：

用小火将少司锅中的100g黄油和100g面粉炒香，制成黄油面酱。待黄油面酱冷却后，逐渐加入白色基础汤，边加边抽打，直至原料充分混合均匀，用中火烧开后，转为小火，煮至汤汁浓稠、光滑，中途要不时抽打。此外，除了基础汤外，也可以加牛奶，这样制作出的汤汁更加白而香。

训练一、安妮梳利奶油汤（鸡肉奶油汤）

1. 原材料

熟鸡脯肉150g，蘑菇150g，黄油150g，白色鸡肉基础汤2L，面粉100g，盐、胡椒粉少许

2. 制作过程

（1）将熟鸡脯肉切成丝，蘑菇洗净切成丝。

（2）取50g黄油加热，放入蘑菇丝炒香后，加熟鸡脯肉丝炒匀。

（3）另起锅放其余黄油，加面粉炒匀，将黄油面酱离火冷却。

（4）将白色鸡肉基础汤煮沸。将煮沸的鸡肉汤倒入冷的面酱中搅匀后，上火煮至微沸。加盐、胡椒粉调味。将汤过滤，加奶油上火再次煮至微沸。

（5）将熟的鸡丝及蘑菇丝装入汤盘中，加入汤汁即成。

3. 菜肴分析

（1）蘑菇丝切好后，可加少许柠檬汁保色。

（2）选择味道鲜美的白色鸡肉基础汤。

（3）菜肴特点：汤色乳白，微咸，味鲜醇，成菜清爽。

训练二、地芭式奶油汤

1. 原材料

青口1000g，净熟虾肉150g，韭葱200g，洋葱100g，蘑菇200g，面粉100g，鱼基础汤2L，

黄油100g，白葡萄酒100mL，奶油200mL，盐、胡椒粉少许

2. 制作过程

（1）将韭葱、蘑菇、洋葱洗净，切成丝备用。青口去足丝，洗净。

（2）在锅中放入带壳青口以及干白葡萄酒、洋葱丝，大火煮至青口开壳。取出青口肉，与熟虾肉一起，用少许热煮青口汁浸泡备用。另将其余煮青口原汁，静置后取澄清汁备用。

（3）锅置中火上，加黄油炒韭葱丝、蘑菇丝，出香味后，加面粉炒匀。将面酱离火冷却后，倒入基础汤煮沸，再用小火煮至汤鲜味浓，过滤，加奶油再次煮至汤微沸。加盐和胡椒粉调味，制成奶油汤。

（4）将熟的净虾肉和净青口肉放入热的汤盘中，倒入奶油汤即成。

3. 菜肴分析

（1）煮青口时应用大火，待青口张壳时即取出。

（2）煮青口的汁应静置后，取净的澄清液使用，否则汁中会有泥沙，影响风味。

（3）上菜时，汤面上可用黄油煎面包粒点缀。

（4）本菜的主料可换为大虾、蟹虾、龙虾等原材料。

（5）菜肴特点：色泽乳白，汤鲜味浓。

训练三、华盛顿奶油汤（玉米奶油汤）

1. 原材料

奶油玉米200g，鲜奶500g，奶油120g，黄油80g，面粉80g，水1200mL，盐和胡椒粉少许

2. 制作过程

（1）用小火将黄油烧热，放入面粉炒香，制作成黄油面酱。

（2）慢慢加入牛奶，不断搅拌，使成稀糊状。

（3）加玉米及水，搅至合适的稠度。

（4）煮沸，调味离火，最后加奶油、盐和胡椒粉即可。

3. 菜肴分析

（1）玉米必须选择质地细嫩的奶油玉米。

（2）鲜奶可以用白色基础汤替代。

（3）本菜制作完成后，可以用搅拌机搅打，制作成蓉汤。

（4）菜肴特点：汤色洁白，玉米嫩黄，奶油味道浓而香，口感爽滑。

三、什锦汤的制作

什锦汤，大多具有原材料丰富的特点。按照主要原材料的不同，什锦汤可以分为以畜类原料为主要原材料的肉汤、以各种海鲜为主的海鲜汤、以蔬菜为主的菜汤以及荤素搭配的什菜汤等。

训练一、农夫式什菜汤

1. 原材料

咸肉80g，四季豆40g，胡萝卜160g，青豆40g，白萝卜80g，西芹80g，莲花白80g，土豆400g，黄油40g，法式面包150g，奶酪粉50g，盐适量

2. 制作过程

（1）面包切成7mm左右的厚片，撒上干酪粉，放烤箱中烤制备用。

（2）四季豆切成小粒，青豆洗净，分别焯水至熟。

（3）将咸肉和其余各种蔬菜分别切成1.5cm大小的薄片。

（4）将咸肉焯水去咸味后，放入黄油中煎炒，待出油出香后，加胡萝卜、白萝卜、西芹、莲花白等原材料炒至出水出香后，再加冷水（或冷汤），盐和胡椒粉，上火煮沸。用小火保持微沸，煮约15min后，加入土豆片再煮10min，待土豆煮软后，加四季豆和青豆略煮即可。

（5）将汤舀入汤盘中，每个汤盘中放一片烤好的面包片。

3. 菜肴分析

（1）此菜为了突出蔬菜的清香味，宜选用冷水作汤料。也可用味道较清淡的肉汤作汤料。

（2）土豆片应最后煮制，避免加入过早而煮烂。

（3）四季豆和青豆宜单独煮制，且在上菜前加入，可以保证其色泽翠绿。

（4）菜肴特点：汤菜合一，清香味浓。

训练二、牛尾汤

1. 原材料

牛尾1000g，西芹250g，洋葱400g，香料袋1个（香叶1片、香草少许、胡椒6粒、丁香2个、大蒜1瓣），棕色牛肉基础汤（原汤）2L，胡萝卜250g，番茄300g，韭葱白段50g，黄油40g，盐、胡椒粉少许

2. 制作过程

（1）洋葱、西芹、胡萝卜切成块，韭葱白切段。番茄切成丁。

（2）牛尾清洗干净，在关节处砍切成段。

（3）将牛尾放在烤箱内，烤成浅棕色后，加入洋葱块、西芹块、胡萝卜块，与牛尾一起烤成棕色。

（4）将烤好的牛尾、洋葱、西芹、胡萝卜和棕色牛肉基础汤一起放入煮锅里。将烤盘上的浮油去掉，加入一些原汤，搅拌后也倒入煮锅中。

（5）用大火将汤煮沸，撇出浮沫，转为小火，加入香料袋慢煮，直至将牛尾煮熟。

（6）把牛尾从汤中捞出，将肉从骨头上刮下并切成丁。牛尾汤煮好后过滤保温待用。

（7）用黄油炒番茄丁和韭葱段至半熟。加入牛尾丁、牛尾汤，用小火煮至熟软。最后

用盐和胡椒粉调味。

3．菜肴分析

（1）牛尾放在烤箱内烤成浅棕色后，再加其余蔬菜。

（2）将烤盘上的浮油去掉，加入少许原汤，搅拌后倒入煮锅中，这个步骤在西餐中，称为"浇锅底"。

（3）菜肴特点：色泽棕红，味道香浓。

训练三、曼哈顿周打汤

1．原材料

蛤蜊30g，培根（咸肉）100g，洋葱300g，水2L，胡萝卜100g，西芹100g，土豆500g，韭葱100g，番茄1250 g，大蒜、牛至、辣酱油少许，盐、白胡椒粉、白葡萄酒各适量

2．制作过程

（1）大蒜、培根切末，胡萝卜、洋葱、番茄、西芹、韭葱切成丁，土豆去皮切成丁。

（2）将蛤蜊洗净，放在容器内，加水和少许洋葱丁和白葡萄酒水煮熟，剥出肉待用。

（3）土豆丁放入蛤肉汤中煮熟，捞出待用。汤过滤，待用 。

（4）小火将培根末炒香，放洋葱丁、胡萝卜丁 、西芹丁、韭葱丁一起炒香，放大蒜末，炒至出香味。

（5）锅中加番茄丁一起炒香，放入蛤肉汤 、牛至，烧开后，用小火煮20min左右 。

（6）去除牛至，撇去浮油，放蛤肉和土豆丁，最后用盐、白胡椒粉和辣酱油调味。

3．菜肴分析

（1）用小火炒培根末直到出油，可以增加汤的香味，此处无须再用油炒。

（2）辣酱油也可以不加。

（3）菜肴特点：内容丰富，味浓适口。

训练四、罗宋汤

1．原材料

基础汤1500mL，黄油100g，酸奶油100g，番茄酱100g，牛肉丁60g，柠檬1/2个，洋葱60g，西芹60g，莲花白60g，红菜头100g，番茄60g，土豆60g，番芫荽适量，香叶1片，百里香、盐、胡椒粉少许

2．制作过程

（1）牛肉丁在基础汤中煮至熟软。

（2）蔬菜清洗干净，番茄去皮切成丁，土豆去皮切成丁，煮熟；其余蔬菜分别切成丁或片。

（3）厚底锅中加黄油，将洋葱、莲花白炒香，下番茄酱炒香，加西芹、柠檬、番芫荽、

香叶、百里香等煮至熟软，再加土豆，煮软后加番茄和红菜头。最后用盐和胡椒粉调味，加酸奶油即可。

3. 菜肴分析

（1）原材料刀工的形状是大块或条状均可。

（2）注意原材料的投放顺序。

（3）罗宋汤一般是热食，若冷食，则将做好的汤冷却后，用搅拌机搅烂，调节浓度后，加酸奶油和番芫荽即可。

（4）菜肴特点：汤色红亮，酸鲜适口，原材料丰富营养。

四、蓉汤的制作

蓉汤，又称为泥汤、菜蓉汤等，是以各种蔬菜为主要原材料，用水或基础汤（原汤）煮熟软后，用搅拌机搅拌成蓉状而成的一类汤菜。这类菜肴色彩丰富、营养健康，是西餐中最具特色的一种。

训练一、法式土豆浓汤

1. 原材料

土豆800g，韭葱400g，黄油80g，水2L，盐、胡椒粉、奶油适量，黄油煎面包粒少许

2. 制作过程

（1）将韭葱切成8cm左右的细丝，土豆切成小片。

（2）锅中加黄油烧化，加韭葱丝炒香，加冷水煮沸，用盐、胡椒粉调味后，再加入土豆片。用小火保持汤面沸而不腾，去浮沫，加盖煮。

（3）待土豆煮至软烂后，将土豆汤倒入搅碎机中搅成蓉汤，将蓉汤过滤，加入奶油，放火上再次浓缩，加盐、胡椒粉调味后，将汤离火，加黄油少许搅化。

（4）将汤装入热的汤盘中，放上几颗黄油煎面包粒即成。

3. 菜肴分析

（1）土豆应选淀粉质重、口味浓厚的品种来制作。

（2）蓉汤应多次过滤，保证口感润滑细嫩。

（3）面包粒应上菜时才加入才能保证酥香的口感。

（4）菜肴特点：汤色乳黄，口感滑润细腻，味浓。

训练二、扁豆面条汤

1. 原材料

扁豆250g，洋葱、胡萝卜、西芹100g，蒜1瓣，迷迭香1/2枝，意大利面条100g，橄榄油30g，盐、胡椒粉、基础汤（原汤）适量

2．**制作过程**

（1）洋葱、胡萝卜、西芹、蒜切碎，与扁豆一起倒入锅中，加盐、胡椒粉和基础汤用大火煮沸，去掉浮沫。

（2）将大火转为中火，加橄榄油和迷迭香，将扁豆煮软。

（3）去掉迷迭香，将锅中扁豆等原材料，倒入搅拌器中绞碎（可留少许整粒扁豆作为装饰），重新放在锅中加热。

（4）待煮沸后，放入意大利面条煮至刚好，用盐和胡椒粉调味即可。

3．**菜肴分析**

（1）扁豆一定要充分煮软，再搅打成蓉。

（2）意大利面条，形态多样，宜选择形态较小的，如贝壳形等。长条形可以切成小段，再加到汤中煮软。

（3）菜肴特点：味浓适口，营养丰富。

训练三、豌豆蓉汤

1．**原材料**

豌豆500g，黄油60g，咸肉50g，胡萝卜50g，洋葱50g，香草束1束，蒜10g，白色牛肉基础汤2L。奶油50g，面包100g，盐、胡椒粉少许

2．**制作过程**

（1）将豌豆洗净，放入冷水中焯水后，取出备用。将胡萝卜、洋葱切成碎，大蒜拍碎备用。

（2）咸肉切成丁，放在冷水中焯水后取出备用。

（3）将面包块切成1cm大小的丁状，用黄油煎香备用。

（4）锅置中火上，加黄油炒咸肉丁，至出油出香味后，加胡萝卜、洋葱炒出味后，加豌豆炒匀，加牛肉汤、大蒜及香料束，上火煮沸，去掉浮沫，转为小火，保持汤面微沸，煮至豌豆熟烂后，加盐、胡椒粉。

（5）取出香料束，将汤倒入搅拌机中搅拌成蓉汤，过滤，放在火上，加适量奶油浓味，将汤离火加黄油。

（6）上菜前，将汤装入汤盘中，撒上黄油煎面包粒即成。

3．**菜肴分析**

（1）咸肉应先焯水，去除过多咸味，便于制作中不至于咸味过重。

（2）煮制时间应以豌豆的老嫩来具体把握。

图6-2　豌豆蓉汤

（3）注意成菜汤色的深浅。若色泽过深，可加奶油。即可浓味，又可调淡色泽。若色泽较浅，则不宜加奶油，而只加黄油即可。

（4）上菜前再加面包，可保持酥香、增加风味。

（5）菜肴特点：色泽青绿，口感滑润细腻，豌豆风味浓郁。

训练四、番茄浓汤

1．原材料

番茄500g，鲜汤750mL，洋葱50g，蒜20g，糖20g，色拉油30mL，盐、胡椒粉少许

2．制作过程

（1）番茄切成大块，洋葱切碎，蒜切碎。

（2）将油放入锅中，烧热后，加入蒜、洋葱炒香。

（3）锅中加入番茄块、鲜汤、糖，用小火煮20min左右，取出，放入搅拌器中搅成蓉，放在容器中待用。

（4）上菜前，将番茄蓉汤放在锅中，加热，用盐和胡椒粉调味即可。

3．菜肴分析

（1）选择质量上乘、成熟度高的番茄，是制作本菜的关键。

（2）将番茄蓉汤装盘后，可用新鲜香草点缀。

（3）菜肴特点：色泽红亮，口感细腻，酸香怡人。

五、冷汤的制作

冷汤是一类风格特别的汤。它们一般在制作以后，在自然或冰箱中冷却后食用，因此有时也称为冻汤。

训练一、牛油果冻汤

1．原材料

牛油果4个，鸡汤500mL，鲜奶油100g，豆蔻粉5g，盐少许

2．制作过程

（1）牛油果去皮去核，挖出果肉，放在搅拌器中，加入少量鸡汤，汤量足够果肉搅拌便可。

（2）搅拌后倒出，加入其余的鸡汤，加盐调味，再加入奶油，搅拌均匀后冷藏。

（3）食用前，撒以少量的豆蔻粉。

3．菜肴分析

（1）牛油果要搅打细腻。

（2）搅打牛油果时，加入少量鸡汤，便于搅拌。

（3）菜肴特点：色彩美观，爽滑可口。

训练二、冻薯蓉汤

1．原材料

土豆250g，韭葱50g，洋葱50g，鲜奶300g，奶油30g，鸡汤500mL，黄油适量，盐少许

2．制作过程

（1）韭葱、洋葱去皮洗净，切成大块。土豆洗净，去皮，切大块。

（2）锅中加油烧热，加韭葱、洋葱、土豆略炒，加入鲜奶和鸡汤。煮至浓稠时，取出，用搅拌器打烂，倒入碗中，过滤。冰箱冷藏约2h。

（3）取出后，加鲜奶稀释，用盐调味。

3．菜肴分析

（1）用黄油炒土豆，目的是让土豆吸收黄油的香味。

（2）牛奶的用量，以汤汁浓度合适为佳。

（3）菜肴特点：质地细腻，凉爽宜人。

六、特殊风味汤

特殊风味汤，是指世界各个民族具有特色的汤，它们的制作方法虽然并无十分特别之处，但与其他汤相比，他们更具有本国文化和风俗的代表性。

训练一、法式洋葱汤

1．原材料

洋葱800g，黄油100g，褐色牛肉清汤2L，法式棍状面包160g，芝士粉、盐、胡椒粉适量。

2．制作过程

（1）将洋葱切成细丝。

（2）面包切成7~8mm厚的片，抹少许黄油放入150℃的烤炉中烤15min左右至金黄色时取出，再抹上大蒜汁。制成蒜面包片备用。

（3）锅置旺火上，加黄油炒洋葱丝。炒至出香、出水后，转小火炒20min左右至洋葱成棕黄色、黏稠时，加入牛肉清汤。再煮制30~40min后，加盐、胡椒粉调味。

（4）待汤味香醇时，将汤放入汤汁盅内，摆上蒜味面包片，撒上芝士粉，放入180℃的烤炉中烤15min左右，待芝士粉成金黄色时即成。

3．菜肴分析

（1）炒洋葱时，应先用旺火炒软后，再用小火炒成棕黄色，出甜味时为止。

（2）加入牛肉汤后，应将汤充分煮制出味，才能突出洋葱风味。

（3）芝士粉的用量较多，可增加成菜风味。

（4）菜肴特点：汤汁呈棕褐色，洋葱味浓郁。

训练二、意大利面条汤

1．原材料

干豆子250g，水或鲜汤2500mL，洋葱200g，韭葱100g，西芹250g，胡萝卜250g，橄榄油100g，番茄250g，夏南瓜250g，土豆250g，通心粉100g，松子10g，大蒜20g，新鲜罗勒叶2束，帕尔马干酪、盐和胡椒粉少许。

2．制作过程

（1）洋葱、韭葱、西芹分别切碎，土豆、胡萝卜切丁，番茄去皮切碎，夏南瓜切成丝。

（2）豆子浸泡一夜后，沥干水分，清洗干净，放入少司锅中。加水或鲜汤煮沸，用小火加盖煮1h。

（3）锅中加入洋葱、韭葱、西芹胡萝卜和橄榄油，加盖再煮4~5min。然后在锅中加入番茄、夏南瓜、通心粉和调味料。加盖再煮30min至完全熟软。

（4）在煮的同时，制作罗勒调味酱。用少许油将松子炸炒成浅棕色，取出。与罗勒叶和蒜一同放入搅拌机中搅碎，也可用厨刀切碎或用研钵捣碎。逐渐加入橄榄油，边加边搅，直至原材料滑稠。放在调料碗中，加干酪、盐和胡椒粉和匀即可。

（5）在汤中加适量罗勒调味酱搅匀。继续煮5min。

（6）趁热上菜，并撒上干酪末增香。

3．菜肴分析

（1）通心粉的相态有数十种，本菜选择形态短小的品种为好。

（2）注意原材料下锅的顺序。

（3）菜肴特点：味美实惠，色彩丰富。

训练三、西班牙冷蔬菜汤

1．原材料

番茄500g，黄瓜100g，洋葱末100g，青椒末50g，柠檬汁少许，大蒜1/2g，辣椒粉少许，橄榄油60g，新鲜白面包屑30g，红酒醋40mL，冷开水250g，盐、胡椒粉各少许，装饰品90g（洋葱丁、黄瓜丁和青椒丁各30g）

2．制作过程

（1）番茄去皮，与黄瓜、洋葱、青椒、蒜分别切成末。

（2）将番茄末、黄瓜末、洋葱末、青椒末、大蒜末及面包末放在搅拌机中打碎，然后过滤，加冷开水搅拌，制成冷汤。

（3）将橄榄油慢慢倒入冷汤中，不断抽打。

（4）冷汤用盐、胡椒粉、柠檬汁、红酒醋调味后冷藏。

（5）上菜时，每份冷汤放约15g装饰品（洋葱丁、黄瓜丁和青椒丁）。

3. 菜肴分析

（1）橄榄油倒入冷汤时，要不断抽打。

（2）原材料一定要选择新鲜的。

（3）菜肴特点：味道清新，口感凉爽。

第三节 沙拉制作

沙拉是Salad音译而成，其含义是一种冷菜。传统上，沙拉作为西餐的开胃菜肴，主要由绿叶蔬菜制作而成。现在，沙拉在欧美人的饮食中起着越来越重要的作用，甚至可以作为任何一道菜肴，如开胃菜、主菜、甜菜、辅助菜等。沙拉的原材料也从过去的单一的绿叶生菜发展为各种畜肉、家禽、水产品、蔬菜、鸡蛋、水果、干果、干酪，甚至谷物。

沙拉在装盘时，一般由4个部分构成：底菜、主体菜、装饰菜或配菜、调味酱。通常，四个组成部分在沙拉中可以明显分辨出来，有时混合在一起，有时省略底菜或装饰菜等。

（1）底菜 底菜位于沙拉的底部，通常以绿叶生菜为原材料。

（2）主体菜 主体菜是沙拉的主要部分。它可以由一种或几种食品原材料组成。例如，新鲜蔬菜，熟制的海鲜、畜肉、淀粉原材料及新鲜的水果和罐头水果等组成。通常，主体菜摆放在底菜上部。

（3）装饰菜 装饰菜在沙拉的上面。它在质地、颜色、味道方面为沙拉增添特色。沙拉中的装饰菜一般选择颜色鲜艳的原材料。如樱桃番茄、切好的番茄三角块或片、青椒圈、黑橄榄、香菜、水田芹、薄荷叶、橄榄、小红萝卜、腌制的蔬菜、鲜蘑、柠檬片或柠檬块、煮熟的鸡蛋（半个、片状、三角形）、樱桃、葡萄、水果（三角形）、干果或红辣椒等。如果沙拉主体菜的颜色很鲜艳，装饰菜可以省略。

（4）少司 少司为沙拉调味，并增添沙拉的颜色，为沙拉带来润滑的口感。少司有多种味道和颜色，不同的沙拉配不同的少司。

训练一、德式土豆沙拉

1. 原材料

土豆500g，面粉20g，腌肉100g，洋葱100g，糖20g，盐，黑胡椒碎，水300mL，醋60mL

2. 制作过程

（1）将土豆加盐水煮熟，取出去皮，切成厚片，备用。

（2）将腌肉炒至香脆时取出备用。另加洋葱炒匀，加面粉、糖、醋、水、盐和胡椒碎、搅匀后，煮沸成少司。

（3）将腌肉和土豆片放入少司中，煮沸后，趁热上菜即成。

3. 菜肴分析

（1）土豆切成厚片，煮制不宜过久，以免形状散烂。

（2）少司以咸酸为主，略带少许回甜为佳。

（3）菜肴特点：土豆咸酸适口、腌肉鲜香味浓，开胃解腻。

训练二、尼斯沙拉

1. 原材料

土豆300g，四季豆300g，小番茄300g，红椒和大青椒100g，罐装金枪鱼100g，生菜1/2个，熟鸡蛋2个，黑橄榄8个，银鱼柳8条，洋葱碎10g、芥末酱5g、红酒醋40mL，橄榄油100mL，番芫荽、盐和胡椒粉适量

2. 制作过程

（1）土豆去皮、切成小块，放入冷盐水中煮熟。四季豆煮熟后，切成段。番茄去蒂、去皮，切成块。青椒和红椒去蒂、去籽后，切成条。

（2）将洋葱、芥末酱、红酒醋、橄榄油、盐和胡椒粉放入碗中调匀，即成法式醋油汁。

（3）将主料与法式醋油汁拌匀。生菜叶放入盘中垫底，依次放上主料，用银鱼柳等辅料装饰即成。

3. 菜肴分析

（1）土豆应放入冷盐水中，用小火煮熟，以保持形整不烂。

（2）由于法国南部普罗旺斯地区的气候温和，适于柠檬生长，所以现今很多厨师都喜欢用柠檬汁代替酒醋制成法式油醋汁，风味更加清爽。

（3）装盘简洁、自然。上菜前拌醋油汁，以免蔬菜吐水，影响风味。

（4）菜肴特点：色彩丰富，成菜美观，味酸咸适口，清爽不腻。

训练三、华尔道夫沙拉

1. 原材料

红苹果2个，西芹2根，核桃仁40g，香蕉3根，葡萄干30g，柠檬汁（1/2个），圆生菜1/2个，马乃司少司80g，白糖适量

2. 制作过程

（1）将苹果、香蕉和西芹分别切成块，加柠檬汁拌匀。核桃仁焯水后备用。

（2）马乃司少司加柠檬汁和白糖，调匀后备用。

（3）上菜前，将少司与苹果等主料拌匀。生菜放入盘中垫底，装入主料，撒上葡萄干即成。

3. 菜肴分析

（1）苹果和香蕉切好后，应加入柠檬汁拌匀，以防止变色。

（2）上菜前再拌味，以免苹果等原材料吐水，从而影响成菜的口感。

（3）主料中加入熟鸡肉，成为华尔道夫鸡肉沙拉。

（4）菜肴特点：口感丰富，香甜不腻，回口略酸。清爽、美观。

训练四、恺撒沙拉

1. 原材料

罗蔓生菜200g，帕尔马芝士粉50g，土司30g，培根30g，银鱼柳，橄榄油200mL，蛋黄1个，蒜蓉40g，银鱼柳20g，柠檬汁20g，第戎芥末酱10g，辣酱油20g，盐和胡椒粉适量

2. 制作过程

（1）生菜洗净，培根煎香后切成丁。将土司片切成小丁，烘干后用黄油煎成金黄色时取出，沥油成黄油煎土司粒备用。

（2）将橄榄油和蛋黄搅匀，制成马乃司蛋黄酱，再加蒜蓉、鱼柳、柠檬、第戎芥末酱、辣酱油、盐和胡椒粉，制成恺撒酱汁。

（3）上菜前，将生菜和恺撒酱汁拌匀，装入盘中，依次撒上帕尔马芝士粉、黄油煎土司粒和煎香的培根。

3. 菜肴分析

（1）恺撒沙拉是意大利菜肴中最有代表性的菜式。它的味道要比一般的生菜沙拉辛辣、浓厚。在香甜的生菜叶上沾满了浓浓的鱼鲜味，配以芝士、香脆的面包丁和培根等，风味独特。

（2）主料选用来自意大利的直叶罗蔓生菜（Romaine lettuce或Cos lettuce）。色泽翠绿、清甜、香脆，不易出水，形状美观，在西餐中尤其适用于菜肴的盘饰。

（3）恺撒酱汁是以银鱼柳、芥末酱与蒜为主要的配料，配上用橄榄油制成的蛋黄酱少司，香辛、浓烈，蒜香突出。

（4）用黄油煎香的土司粒以色泽金黄、香酥为佳。

（5）菜肴特点：生菜爽脆，芝士和蒜香浓郁。味感丰富，风味适宜。

训练五、意大利海鲜沙拉

1. 原材料

大虾8只，青口8个，鲜贝4个，鲜鱿鱼（切块）120g，鳕鱼肉（切块）100g，白葡萄酒、冬葱碎10g、番芫荽碎和胡椒碎10g，少司料（意大利黑醋120mL，橄榄油100mL，冬葱碎20g，洋葱碎30g，红椒碎10g，黄椒碎10g，红香葱10g，新鲜罗勒碎10g，蒜碎、盐和胡椒粉）

2. 制作过程

（1）将大虾去除沙肠，煮熟后取出虾仁；青口洗净，去除足丝，入锅中加白葡萄酒、冬葱、番芫荽和胡椒碎，煮至开壳后，取肉备用。

（2）将鲜贝、鱿鱼和鳕鱼肉煮熟，用冰水浸泡备用。

（3）将少司的调料混合均匀，制作成意大利醋油汁备用。

（4）将大虾等海鲜料和意大利油醋汁拌匀，放在盘中即成。

3. 菜肴分析

（1）海鲜料的选料要新鲜，突出时令性。

（2）鱼肉等不要煮得过老，待刚熟后，放入冰水中浸泡，以保证肉质的弹性和嫩度。

（3）菜肴特点：色彩丰富，味咸酸适口。

训练六、夏威夷鸡肉沙拉

1. 原材料

熟鸡脯肉200g，菠萝200g，香蕉100g，直叶生菜、美国提子、白兰地酒等适量，马乃司少司100g，柠檬汁10mL，盐和胡椒粉适量

2. 制作过程

（1）将熟鸡脯肉切块，菠萝切成块，香蕉切成块。美国提子放入白兰地酒中，浸泡入味。

（2）马乃司少司加柠檬汁、盐和胡椒粉，拌匀后备用。

（3）生菜叶放于盘中垫底。把鸡肉、菠萝和香蕉与马乃司少司拌匀，放于生菜上即成。

3. 菜肴分析

（1）提子即葡萄干，需事先用白兰地酒浸泡，以增添酒香风味。

（2）上菜前拌味，以避免原材料出水，影响风味。

（3）菜肴特点：果香味浓，甜酸适口，清爽不腻。

训练七、鲜虾鸡尾杯

1. 原材料

大虾250g，鳄梨（牛油果）100g，西生菜1个，柠檬1个，少司料（马乃司少司50g，番茄沙司20g，辣椒仔（或辣椒汁）5g，芥末酱（或辣根）5g，辣酱油10g，干邑白兰地10mL，柠檬汁10mL）

2. 制作过程

（1）大虾煮熟后，去除外壳、取净虾仁；留8个带虾尾的大虾备用。牛油果切成2cm大的块，生菜洗净，柠檬切片。鸡尾杯中放入生菜叶，垫底备用。

（2）将少司料拌匀后，成咯哆少司。

（3）将虾仁、牛油果和咯哆少司拌匀，装入鸡尾杯中。用带虾尾的大虾、柠檬片、小番茄和番芫荽等装饰即成。

3. 菜肴分析

（1）鳄梨又称牛油果。口感软滑，是做海鲜类沙拉的最佳配料之一。若没有买到牛油

果，也可以用菠萝或猕猴桃等水果代替。咯哆少司是"Cocktail sauce"的音译，适宜和各种海鲜类菜肴配搭，风味最佳。它的制法变化很多，还可以加入雪丽酒、O.K.Sauce、甜红椒粉、酸黄瓜碎和水瓜柳碎等。

（2）主料可以换成蟹肉、龙虾或水果等，称作蟹肉鸡尾杯、牡蛎鸡尾杯、海鲜鸡尾杯、龙虾鸡尾杯或水果鸡尾杯等。

（3）菜肴特点：色形美观、精巧。

第四节　主菜制作

主菜，是西餐中含蛋白质比较多的菜肴。一般由牛肉、猪肉、鸡肉、鱼肉、海鲜等原材料制作而成。主菜一般由三个部分组成：主体菜（以动物原材料居多），配菜（以植物原材料居多）和少司。在装盘时，如何使这三者搭配和谐，是主菜装盘技艺的重要特点。

主菜在装盘时，一般具有以下特点：

（1）突出主体菜　在主菜的装盘上，主体菜一般居于盘子的中央，占据盘子的主要部位。

（2）主菜在装盘时，一般不能超过盘子的内边缘。

（3）根据主体菜的质地、色泽、味道，选择相配的配菜，以达到突出主体菜的目的。

（4）配菜数量和种类，根据不同的菜肴而不同，但不能喧宾夺主，掩盖主体菜的特色。

（5）少司通常淋在主体菜上，少司一般部分遮盖主体菜。

（6）少司也可以放在少司斗中，与主体菜、配菜一同上桌。

一、主菜（畜类）制作

训练一、贝尔西牛扒

1. 原材料

西冷牛柳4块（每块约150g），黄油30g，冬葱30g，干白葡萄酒50mL，褐色牛肉汤200mL，番芫荽10g，盐和胡椒粉适量

2. 制作过程

（1）牛柳用刀拍至松软，冬葱切碎，番芫荽切碎。

（2）平底煎锅中加黄油烧热，牛扒表面撒上盐和胡椒粉，放入黄油中煎制。待牛柳表面定型后，继续用小火煎制，控制成熟度（三成熟、五成熟、七成熟和全熟）。牛扒煎好后保温备用。

（3）去除锅内多余的油脂，放入冬葱碎炒香，加入干白葡萄酒浓缩至酒汁将干时，加入褐色牛肉汤再次浓缩，最后用盐和胡椒粉调味，离火加黄油搅化，制成贝尔西少司。保温。

（4）将牛扒装入热盘中，淋上贝尔西少司，表面撒上番芫荽碎，配炸土豆条和时令鲜

蔬即成。

3. 菜肴分析

（1）选料应以上等西冷牛脊肉为佳，突出牛肉的细嫩质感。

（2）干白葡萄酒的量较多，但制作中应充分浓缩，否则汁中会有过多的葡萄酒酸味，影响整体风味。

（3）牛扒鲜香细嫩，味汁香浓，带有较浓厚的葡萄酒味和分葱香味。

训练二、煎猪排配夏尔提芥末少司

1. 原材料

带骨猪排800g，黄油40g，花生油40mL，黄油40g，洋葱碎100g，干白葡萄酒200mL，褐色牛肉汤400mL，第戎（Dijon）芥末酱20g，酸黄瓜100g，盐和胡椒粉

2. 制作过程

（1）将猪排切割成200g/份的大块。洋葱切成碎，酸黄瓜切成丝。芥末酱用少许褐色牛肉汤稀释备用。

（2）平底煎锅中加入黄油和花生油烧热，猪排表面撒上盐和胡椒粉，放入锅中，用小火煎制。待猪排两面都成均匀的棕褐色且成熟时取出，离火保温备用。

（3）去除煎锅内多余的油脂，加入洋葱碎炒香，倒入干白葡萄酒浓缩，待酒汁将干时加入褐色牛肉汤浓缩。至酱汁浓稠时，加入酸黄瓜丝和芥末酱拌匀，离火加黄油搅化，用盐和胡椒粉调味即成夏尔提芥末少司。

（4）热菜盘中放入猪排，淋上少司，配土豆泥即成。

3. 菜肴分析

（1）猪排煎制不宜过老，以刚熟、肉嫩多汁为佳。

芥末酱应先用少许布朗牛肉汤稀释，再加入酱汁中，这样容易调匀。

（2）这道菜的特色在于特制的夏尔提芥末汁。它是一种将法式第戎芥末酱、酸黄瓜和布朗牛肉汤等融合在一起后出来的美味少司。

（3）菜肴特点：猪排肉嫩多汁，少司咸鲜酸香，芥末味香浓，开胃解腻。

训练三、黑胡椒牛扒

1. 原材料

牛柳4块（150g/块），黄油20g，洋葱碎20g，粗黑胡椒碎40g，白兰地20mL，白葡萄酒50mL，褐色基础汤200mL，淡奶油50mL，盐和胡椒粉适量

2. 制作过程

（1）将牛柳拍松，蘸匀黑胡椒碎备用。

（2）煎锅中加黄油烧化。牛柳撒盐后，放入油中煎香、上色，取出保温备用。

（3）去除锅内多余的油脂，加洋葱碎、胡椒碎炒香，倒入白兰地酒点燃，烧出酒香味，加白葡萄酒浓缩。酒汁煮干后，倒入褐色基础汤煮沸后浓缩，加淡奶油再次浓缩。用盐和胡椒粉调味，离火加黄油搅化，成胡椒汁，保温备用。

（4）在热菜盘中淋上胡椒汁，放入牛柳，上菜时配黄油煎薯片和时鲜蔬菜即成。

3. 菜肴分析

（1）牛柳以选用进口的肉眼牛扒（eye steak）或西冷牛肉（sirloin）为佳。

（2）牛柳煎制前才撒盐，否则会损失牛肉的肉汁，影响原汁原味的风味。

（3）这是一道很经典的西式菜肴。香辛微辣的黑胡椒汁和鲜嫩的牛柳相组合，完美搭配，经久不衰。

训练四、维也纳式牛仔吉利

1. 原材料

小牛柳肉4块（150g/块），面粉80g，鸡蛋2个，面包粉150g，黄油60g，花生油60mL，褐色少司200mL，盐和胡椒粉适量

2. 制作过程

（1）鸡蛋打散，加盐和少许花生油调匀成蛋液。将小牛肉拍扁，依次蘸上面粉，蛋液和面包粉备用。

（2）煎锅中加黄油和花生油烧热，放入牛扒煎制。待两面酥香，成金黄色时取出，保温备用。

（3）褐色少司放在锅中，烧热，调味后淋在盘中。盘中放上牛扒。可以用水瓜柳碎、蛋黄碎、番芫荽碎、蛋清碎等辅料装饰，配黄油煎薯片即成。

3. 菜肴分析

（1）这是一道著名的奥地利菜式。它是将牛扒分别蘸上面粉、蛋液和面包粉后，煎炸而成的。

（2）牛扒拍粉，厚度以不超过1cm为宜，以免影响成菜风味。

（3）蘸面粉、蛋液和面包粉的时间不宜太早，否则牛扒容易出水，影响成菜酥香的效果。

（4）煎制时用小火，油温宜低，至两面金黄色时为佳。

（5）菜肴特点：牛扒外酥内香，汁清淡适口，装盘造型美观。

训练五、勃艮第红酒煨牛肉

1. 原材料

牛腿肉800g，胡萝卜丝100g，洋葱丝100g，冬葱丝20g，大蒜碎20g，香叶和百里香适量，粗胡椒碎20g，褐色基础汤400mL，培根片150g，蘑菇150g，小洋葱150g，花生油50mL，白兰地酒100mL，干红葡萄酒750mL，盐和胡椒粉适量

2. 制作过程

（1）牛肉切成50g的块，加胡萝卜丝、洋葱丝、冬葱丝、大蒜碎、香叶和百里香、粗胡椒碎、干红葡萄酒、部分白兰地酒和花生油拌匀，冷藏腌制12h后，取出牛肉块和腌肉的蔬菜，备用。

（2）小洋葱和蘑菇用黄油炒香。

（3）锅中加油烧热，放入牛肉块，煎香上色后，加入腌肉蔬菜炒软，加白兰地酒点燃，烧出酒香味，倒入腌肉红酒汁浓缩。酒汁煮干后，倒入褐色基础汤煮沸。用盐和胡椒粉调味，转小火煮2~3h。

（4）牛肉软熟后取出。将煮肉汁过滤，加入培根、蘑菇和小洋葱，同烩入味，即成红酒少司。

（5）盘中放入牛肉，淋上少司，配煮意粉、烤面包等配菜即成。

3. 菜肴分析

（1）这是一道著名的法式菜肴。勃艮第是法国东南部地方的地名，盛产优质的葡萄酒，牛肉品质也很优秀。厨师就巧妙地将香醇的美酒和美味的牛肉配合在一起，突出了法国菜美食美酒的特色。

（2）腌牛肉的酒汁以充分淹没牛肉为佳，时间12h以上。通常是前一天晚上腌牛肉，第二天烹制，效果最佳。

（3）菜肴色泽深红，牛肉味浓，软熟入味，酒香独特。

训练六、匈牙利红烩牛肉

1. 原材料

牛后腿肉800g，色拉油400mL，洋葱碎100g，甜红椒粉20g，面粉30g，番茄酱40g，鲜番茄200g，香料束1束，大蒜40g，布朗牛肉汤800mL，土豆1000g，盐和胡椒粉各适量。

2. 制作过程

（1）牛肉切成50g的大块，土豆切成3cm的块。

（2）锅中加油烧热，放入牛肉块煎成褐色，加洋葱碎炒香，加甜红椒粉和面粉搅匀，再加入番茄酱、番茄碎、大蒜碎、香料束炒匀，最后加布朗牛肉汤煮沸，用盐和胡椒粉调味后，加盖用小火焖约2h。

（3）待牛肉软熟后取出。将煮牛肉汁过滤，加入土豆块，煮熟。

（4）盘中放入牛肉块和土豆块，淋上少司，配黄油米饭或意大利通心粉即成。

3. 菜肴分析

（1）本菜制作中须加入匈牙利特产的匈牙利甜红椒粉（Paprika）。其辣味很淡，微甜。颜色鲜红，十分悦目。具有增加口味和颜色的作用。

（2）加甜红椒粉后不宜久炒。否则容易炒焦，影响风味。

（3）这是一道经典的匈牙利风味菜肴。色泽棕红，牛肉软嫩鲜香，带有甜红椒粉的香辣味，味厚不腻。最早是匈牙利牧羊人最爱吃的菜，其历史可以回溯到9世纪，是一种很平民化的菜肴。

训练七、香草风味烤羊排

1．原材料

带骨小羊排2块，黄油40g，色拉油40g，番芫荽80g　面包粉100g　大蒜6个，黄油40g，普罗旺斯香草粉或百里香粉10g，胡萝卜80g，洋葱80g，百里香10g，干红葡萄酒100mL，羊肉汤适量，盐和胡椒粉适量

2．制作过程

（1）番芫荽洗净，沥干后切碎；面包粉过筛；4个大蒜切碎。将黄油加热化成软膏状，加入番芫荽碎，大蒜碎和面包粉拌匀，加盐和胡椒粉，最后加入普罗旺斯香草粉或百里香粉拌匀，制作成香草料。

（2）羊排表面撒上盐和胡椒粉，放入热油中煎制，至表面起硬膜时取出，在羊排表面抹上混匀的香草料。放在烤盘中。

（3）胡萝卜、洋葱去皮切成小粒。2个大蒜拍碎，放在烤盘中的羊肉旁，送入烤炉内用250℃烤约5~10min，再用200℃烤5~10min，取出。

（4）将烤盘中的蔬菜料煎香，去除过多的油脂，加入干红葡萄酒浓缩，加羊肉汤继续浓缩，至汁稠光亮时，加盐和胡椒粉定味，将少司过滤，保温备用。

（5）上菜前，羊排表面淋上少许热的黄油增香。装入盘中，配上少司和配菜即成。

3．菜肴分析

（1）羊排抹香草料前，应用旺火热油将表面煎制定型，起一层硬膜，避免烤制时其内部的肉汁过多地向外渗透，而丧失风味。

（2）控制羊排烤制的火候。根据羊排的厚度和大小具体把握烤制的时间，烤制时先用高温速烤，避免肉汁外溢，定型后再降温烤制。

（3）小羊肉烤制火候以玫瑰红为佳。而羊肉火候则以带血红色为佳。

（4）这是一道法式风味浓厚的法式菜肴。羊排柔嫩多汁，断面呈玫瑰红的肉色，口味鲜美，香草风味浓厚，适口宜人。

训练八、铁扒牛肉

1．原材料

西冷牛里脊肉600g，干白葡萄酒40mL，分葱30g，他拉根草20g，蛋黄2个，黄油150g，番芫荽10g，粗胡椒碎、盐和胡椒粉少许，色拉油适量、斑尼士少司适量

2．制作过程

（1）牛肉去筋，切成300g左右的块，用刀拍松，修整成圆形，冷藏备用。他力根、分葱、番芫荽分别切碎。

（2）条扒炉烧热，刷上油。牛肉上撒适量的盐、胡椒粉，刷上油，放在铁扒炉上，扒成网状花纹。并根据顾客的要求制作成生牛扒、半成熟、七至八成熟或全熟。

（3）将牛扒放在盘子中，配上斑尼士少司和油炸土豆条等配菜即可。

3．菜肴分析

（1）牛扒成熟度应以顾客要求为准。

（2）本菜主要训练使用条扒炉，需将牛扒扒出清晰条纹，成菜才美观。

二、主菜（禽类）制作

训练一、猎户扒鸡

1．原材料

净鸡胸或鸡腿肉1200g，面粉100g，黄油80g，冬葱碎40g，蘑菇片130g，白兰地50mL，白葡萄酒100mL，褐色鸡肉汤适量，龙蒿香草碎20g，芫荽碎40g，盐和胡椒粉适量

2．制作过程

（1）将鸡肉洗净、去骨成鸡扒。冬葱、龙蒿香草和芫荽分别切碎。蘑菇切成厚片。

（2）把鸡肉表面撒上盐和胡椒粉，蘸上面粉。锅中加黄油烧热，将鸡肉皮面向下放入热油中煎制。待皮面浅黄、酥香后，翻面煎制。至熟后取出保温备用。

（3）去除锅内多余的油脂，加蘑菇片和冬葱碎炒香，加白兰地点燃，烧出酒香味，再加白葡萄酒浓缩，最后加褐色鸡肉汤煮沸，调味后离火，加黄油搅化，上菜前汁中加入龙蒿香草碎和芫荽碎，成猎户少司。

（4）将鸡扒放入盘中，淋上少司，上菜时，可配上黄油煎薯球和时令蔬菜。

3．菜肴分析

（1）鸡扒煎制前才撒盐、蘸粉，可以保证成品的外皮酥香。

（2）煎制时注意用火。先用旺火煎香，后用小火煎熟，若有烤箱也可以用烤箱烤制，这样鸡扒的成型效果更好。

（3）菜肴特点：色泽棕黄，鸡扒外酥香内软嫩，汁浓鲜美。

训练二、金牌鸡胸吉列

1．原材料

净的去骨鸡胸肉4个，格律耶尔奶酪片8片，生火腿片8片，黄油300g，花生油100mL，面粉150g，鸡蛋3个，面包粉300g，洋葱碎40g，干红葡萄酒100mL，褐色牛肉汤200mL，盐

和胡椒粉适量

2. 制作过程

（1）用刀把鸡胸肉拍平整。再从鸡胸肉的右端平刀片进去，但左端不片断，将肉片成左端相连的两个大片。把鸡蛋打散后，加少许花生油、盐和胡椒粉搅匀备用。

（2）依次把火腿片、格律耶尔干酪片和火腿片放入片开的鸡胸肉中，将鸡胸肉合拢定型。依次蘸上面粉、调散的鸡蛋液和面包粉。用手压紧实后，再用刀背在鸡肉表面轻轻地压出交叉的装饰网纹备用。

（3）平底煎锅内加黄油和花生油烧热，将有装饰网纹的鸡肉面向下，放入热油中煎制。至底面成金黄色后翻面。将鸡胸肉的两面都煎成金黄色后，送入烤箱中加热，至鸡肉全熟后取出，保温备用。

（4）平底煎锅内加黄油烧热，放入洋葱碎炒香，加干红葡萄酒浓缩，最后加褐色牛肉汤煮沸，用盐和胡椒粉调味后即成。

（5）将少司淋入盘中，放上煎香的鸡胸肉，可以用柠檬片、番芫荽、黄油煎薯片和时令蔬菜搭配即成。

3. 菜肴分析

（1）煎鸡胸肉的油温不宜太高，否则煎制时外皮的面包粉容易焦煳。

（2）也可以用150℃的热油炸制，将鸡胸肉炸至熟透即可。

（3）鸡肉可以先刀切成厚片再装盘，便于食用。

（4）菜肴特点：色泽金黄，鸡胸肉外酥内嫩，少司香浓。

训练三、法式白汁烩鸡

1. 原材料

净鸡胸或鸡腿肉1200g，面粉60g，黄油80g，洋葱碎120g，蘑菇130g，小洋葱125g，鲜鸡汤，蛋黄2个，淡奶油150mL，盐和胡椒粉适量

2. 制作过程

（1）鸡肉切成块。蘑菇和小洋葱分别用黄油炒香。

（2）鸡肉撒上盐和胡椒粉，放入热的黄油中煎定型，再放入烩制锅中。煎锅内加黄油烧热，放入洋葱碎炒香，加面粉炒匀，再加鲜鸡汤煮沸，一同倒入烩制锅内，调味后加盖，用小火焖煮30min。待鸡肉熟透后，取出保温备用。

（3）将蛋黄和奶油调匀，倒入烩鸡肉的汤汁中，煮至浓稠时，加入蘑菇和小洋葱同烩入味，用盐和胡椒粉调味后即成少司。

（4）将鸡肉装入盘中，淋上少司。盘边可用黄油米饭和时令蔬菜搭配。

3. 菜肴分析

（1）煎鸡肉时用小火，不要煎上色，使成菜的风味清爽。

（2）少司浓稠适度，奶油适量。若没有淡奶油也可以用牛奶代替，风味也佳。

（3）黄油和面粉炒香后成黄油面酱。加鸡汤前应先将面酱冷却，再分次加入鸡汤，这样做面粉不会凝结成团，上火煮沸后即可得到浓度适宜的白奶油汁。

（4）色泽乳白，鸡肉鲜香细嫩，少司醇浓味厚，奶油味浓。

训练四、啤酒烩鸡

1．原材料

净鸡胸或鸡腿肉1000g，冬葱碎50g，金酒25mL，啤酒750mL，面粉40g，盐和胡椒粉少许，蘑菇200g，淡奶油75mL

2．制作过程

（1）鸡肉刀切成大块。冬葱切碎。蘑菇洗净切块，用黄油炒香备用。

（2）将鸡肉放入热的黄油中，煎香定型后，加入冬葱碎炒香，加金酒点燃，烧出酒香味，再加入啤酒，煮沸后加盐和胡椒粉调味，加盖焖煮约40min。

（3）待鸡肉软熟后取出保温。将淡奶油加入烩鸡肉汁中浓缩，到汤汁浓稠时放入炒香的蘑菇块，同烩入味，最后将汤汁离火加入少量黄油搅匀，即成少司。

（4）将鸡肉装入盘中，淋上少司。用法式炸薯条、煮意大利通心粉和时令蔬菜搭配即成。

3．菜肴分析

（1）制作中用金酒可以增加菜肴味感的丰厚度。若没有金酒也可以用白兰地代替。

（2）啤酒的用量大。焖煮时要用小火，充分煮出啤酒的苦味。也可以在煮制中加适量的褐色牛肉汤，增加风味。

（3）菜肴特点：色泽乳黄，鸡肉鲜香细嫩，少司醇浓味厚，啤酒味浓。

训练五、克克特烤鸡

1．原材料

仔鸡1200g，黄油40g，大蒜碎10g，百里香5g，胡萝卜100g，洋葱100g，白葡萄酒100mL，褐色牛肉汤400mL，五花烟肉250g，糖适量，色拉油200mL，黄油100g

2．制作过程

（1）仔鸡加工、整理后擦干水分。将黄油化软，加入大蒜碎、百里香拌匀，抹在鸡的腹腔内，鸡用线绳捆扎好，外面抹上剩余的黄油备用。胡萝卜和洋葱分别切成小片，放入热的黄油中，煎香备用。

（2）烤锅中加黄油烧热。仔鸡撒上盐和胡椒粉，放入热油中，煎至表皮上色后，把鸡腹部向上放入烤盘内，四周撒上煎香的胡萝卜片和洋葱片，加盖送入200℃的烤炉中烤40min后（中途不断地取出淋汁），去除锅盖，继续烤约10min，至鸡皮表面成均匀的棕红色，取出保温备用。

（3）在烤盘中加入白葡萄酒，浓缩至酒汁煮干时，再加入褐色牛肉汤继续浓缩，至汁稠、光亮时，将汁过滤，加盐和胡椒粉调味，制作成烤汁少司保温备用。

（4）仔鸡去线绳，腹部向上放入大方盘中。另将少司装入汁盅内，配上时令蔬菜上菜即成。

3. 菜肴分析

（1）烤鸡时锅应加盖，避免仔鸡内部的水分过多散失，损失风味。

（2）烤制中途应适时取出仔鸡，一般每20min就翻动一次。将锅中的油汁淋于鸡身上，成菜后表皮滋润，色泽美观。

（3）仔鸡烤制结束前10min，可去除锅盖，以加速鸡外皮上色的效果。

（4）烤汁少司是在烤肉汁基础上加白葡萄酒和褐色少司，原汁浓缩而成的。以汁醇香浓为佳，不宜过稠。

（5）菜肴特点：仔鸡外皮棕红，口感干香油润，肉质软嫩。少司咸鲜香浓。

训练六、煎鸭胸樱桃少司

1. 原材料

鸭胸肉1000g，胡萝卜碎200g，洋葱碎200g，糖100g，红酒醋100mL，褐色牛肉汤500mL，香橙3个，樱桃300g

2. 制作过程

（1）取净鸭胸肉，修整成型；香橙榨汁；樱桃去蒂、去核后搅碎，成樱桃酱汁备用。

（2）白糖加红酒醋熬成焦糖，加褐色牛肉汤制成鸭肉褐色牛肉汤。

（3）锅中加黄油烧化。鸭胸肉上撒盐和胡椒粉，放入油中煎制，待表面定型、上色后取出。锅中放入胡萝卜碎和洋葱碎，炒软后，将鸭胸肉放于蔬菜碎料上，送入180℃的烤炉内，烤10min。

（4）鸭胸肉成熟后取出，保温备用。锅中加橙汁煮沸，再加鸭肉褐色牛肉汤浓缩，待汁稠光亮时过滤，加樱桃酱汁搅匀，成樱桃少司。

（5）盘中先淋上少司，放入切好的鸭胸肉片，用鲜樱桃和土豆泥棍装饰即成。

3. 菜肴分析

（1）先煎带皮面，保证鸭皮上色美观。

（2）菜肴变化：将樱桃少司换成红酒少司，配鸭胸肉，口味一样独特，很受欢迎。鸭胸肉也可以和牛扒一样煎成五至六成熟，突出鲜嫩的质感。

（3）菜肴特点：色泽红亮，鸭肉鲜香，汁浓味厚，甜酸适口，樱桃味浓。

三、主菜（水产类）制作

训练一、煮大比目鱼荷兰少司

1. 原材料

大比目鱼1条（重2800~3200g），牛奶400mL，柠檬1个，荷兰少司250g，盐、胡椒粉适量

2. 制作过程

（1）大比目鱼切配成四条净的鱼柳肉，洗净冷藏备用。

（2）牛奶煮沸，柠檬切片。将鱼柳放入煮鱼锅内，加入牛奶、柠檬片、盐和胡椒粉，煮沸后，用小火焖约10min。待鱼肉刚熟时取出。

（3）将鱼肉装入热的菜盘中，淋上荷兰少司，摆上煮熟的橄榄土豆和时鲜蔬菜等配菜即成。

3. 菜肴分析

（1）煮鱼肉的时间根据鱼肉的大小和厚度来控制。以鱼肉细嫩，刚熟为佳。

（2）配菜选料较为灵活，以口感清鲜，色泽美观的蔬菜原料为佳。

（3）西餐的热菜在装盘时，菜盘一定要保持热度，这样做可以保持盘中少司和原料的温度，从而保证了成菜的风味。在正规的西餐厅里，若顾客发现热菜的菜盘是冷的，有权投诉或是退菜。

（4）本菜肴的制作方法也适用于其他的海鱼类。如鳟鱼、海鲈鱼、无须鳕等。

（5）菜肴特点：鱼肉细嫩，少司咸鲜酸香，清爽不腻。

训练二、藏红花烩海鲜

1. 原材料

海鲜白肉鱼、青口、大虾、扇贝、牡蛎、鲜鱿鱼等共2400g，冬葱碎100g，洋葱碎100g，黄油80g，白葡萄酒500mL，面粉50g，鱼基础汤500mL，香料束1束，藏红花10g，淡奶油200mL

2. 制作过程

（1）将海鱼肉切成块，青口煮（煮时可加葡萄酒、胡椒碎、香叶、百里香、番芫荽等）至开壳后，取肉备用。扇贝和牡蛎取肉、鱿鱼洗净切块备用。藏红花用清水浸泡备用。

（2）将海鲜白肉鱼、青口、大虾、扇贝、牡蛎、鲜鱿鱼等用鱼汤煮至六成熟后备用。

（3）少司锅中加黄油烧化，加冬葱碎和洋葱碎炒香，加白葡萄酒煮干后，加面粉炒匀，再分次加入鱼汤煮沸，成白酒少司。调味后加淡奶油煮沸，浓缩后加藏红花成海鲜藏红花汁。

（4）将煮过的海鲜料放入海鲜藏红花汁中煮入味，出锅装盘即成。

3. 菜肴分析

（1）煮海鲜不宜过久，以免火候太老。

（2）主料选料多样，以新鲜、鲜美为佳。

（3）菜肴特点：鱼肉鲜嫩，少司汁稠味鲜香，奶油味浓厚，带白酒的酸味，配以鲜虾和土片，风味适宜。

训练三、缤纷龙利鱼柳

1．原材料

龙利鱼4500g，黄油200g，冬葱碎40g，蘑菇片200g，番芫荽碎40g，白葡萄酒100mL，奶油400g，鱼基础汤、盐和胡椒粉适量

2．制作过程

（1）将龙利鱼取下净的鱼柳，用刀拍扁后，冷藏备用。

（2）锅置于中火上，加黄油烧化，放入冬葱碎、蘑菇片、番芫荽碎、盐和胡椒粉，炒匀后将龙利鱼柳叠放入锅内，加入白葡萄酒和冷的鱼汤，用抹有黄油的硫酸纸盖面。先将汤汁煮沸，再送入160℃的烤炉中，烤4~5min，待鱼肉成熟后，取出保温备用。

（3）将煮鱼的汤汁倒入少司锅中，加热浓缩，待水分将干时加入奶油再次浓缩，至汁稠、黏匀时离火，加入黄油搅化，调味后成白酒黄油汁，过滤，保温备用。

（4）将鱼柳和蘑菇等配料放入盘中，淋上少司，送入面火烤炉内烤制上色后，上菜即成。

3．菜肴分析

（1）煮鱼时火力宜小，汤汁切忌过沸，以免鱼肉碎烂。鱼肉煮制前可以蘸上适量面粉，以保证成型完整。

（2）制白酒黄油汁时，黄油应离火加入少司中，且边加边搅动，以免油脂析出。

（3）制白酒黄油汁时，也可以用黄油面酱或者浓稠的鱼精汤代替奶油使用，风味也佳。

（4）少司烤制前，如果加入荷兰汁或者打发的奶油，效果更佳。

（5）菜肴特点：少司色泽金黄，浓稠适宜，带浓厚的奶油香味。

训练四、磨坊主妇式煎鳟鱼柳

1．原材料

鳟鱼（或龙利鱼）4条，面粉200g，黄油200g，色拉油200mL，柠檬片1个，黄油200g，盐和胡椒粉适量，番芫荽碎40g

2．制作过程

（1）鳟鱼取下净的鱼柳，用刀拍扁后，放冰水中泡5min，冷藏备用。

（2）用刀将鱼柳表皮划破（以免收缩），撒上盐和胡椒粉，蘸上面粉，放入热油中煎制。中途不断地将油淋于鱼肉表面，定型后翻面。待鱼柳两面定型、上色后，取出保温备用。

（3）锅中加黄油烧化，呈浅褐色时，离火加入柠檬汁、盐和胡椒粉，调匀后即成。

（4）将鱼柳放入热菜盘中，表面放上柠檬圆片，淋入少司，撒少许番芫荽碎。可以配煮土豆和时鲜蔬菜。

3．菜肴分析

（1）鱼柳煎制前应先划破鱼皮，以免鱼肉收缩。

（2）面粉应在鱼肉煎制前蘸上。若过早蘸上面粉，会因为面粉吸水而影响酥香的效果。

（3）煎制时应多淋油，使鱼肉表面受热均匀。油量以鱼肉的1/2为佳。

（4）煎制的火候以皮面上色、香脆为度。若鱼肉较厚，可以在煎香后又放入烤炉内烤2~3min，成熟即可。

训练五、香煎三文鱼

1. 原材料

三文鱼柳2400g，黄油300g，精炼油80g，韭葱800g，黄油60g，奶油100mL，培根肉200g，冬葱碎40g，白葡萄酒50mL，奶油100mL

2. 制作过程

（1）取净的三文鱼柳，去除鱼肉的骨刺后，切成150g/块的块，冷藏备用。

（2）韭葱、培根肉切成丝。用黄油炒培根肉丝，吐油后加入韭葱丝炒出香味，最后加入淡奶油浓缩。至原体积的3/4时，离火备用。

（3）黄油炒冬葱碎，出香味后加入白葡萄酒浓缩。至酒汁煮干时，加入淡奶油再次浓缩。待汁稠发亮时，离火加黄油搅化，成白酒黄油汁，保温备用。

（4）将炒香的韭葱、培根奶油汁加入少许白酒黄油汁中拌匀，成韭葱烟肉少司。

（5）锅加黄油烧热，将三文鱼皮面向下放入油中煎制。待皮面定型后，送入180℃的烤炉内烤制。至鱼柳成熟后取出。

（6）韭葱、培根丝放入热菜盘的中央，再放上烤熟的三文鱼柳（皮面向上），盘边淋上白酒黄油汁即成。

3. 菜肴分析

（1）加入奶油后应用小火充分浓缩。以汁稠黏匀为度。加黄油可以调色、增亮。黄油应离火加入，边加边搅动，便于少司乳化。

（2）煎三文鱼柳时最好用不粘锅，以免粘锅煳底。

（3）煎鱼柳时应将鱼皮向下放入油中，待鱼皮定型后送入烤炉中烤制，以保证鱼肉的细嫩。

（4）鱼皮酥香、鱼肉鲜嫩、少司味香浓。

训练六、铁扒龙利鱼配银鱼黄油汁

1. 原材料

龙利鱼8条（每条约250g），面粉、精炼油适量，柠檬200g，百里香、香叶适量，黄油160mL，油浸银鱼80g，盐、胡椒粉适量

2. 制作过程

（1）初加工：龙利鱼去鳍、去皮、去鳞、去内脏，洗净后，放入冰水中浸泡备用。

（2）将油、柠檬汁、香叶和百里香放入盆内拌匀，制成腌制料备用。

（3）银鱼擦碎，放入盆中，加化软的黄油，搅匀后成银鱼黄油汁，保温备用。

（4）铁扒炉刷洗干净，淋油烧烫。用吸水纸吸干鱼柳表面的水分，撒上盐和胡椒粉，扒制。

方法一、直接扒制：鱼柳表面刷上腌制料。将龙利鱼放于扒炉上，待两面都扒出网状花纹后，放入烤盘中，淋上腌制汁，入180℃的烤炉中烤熟后备用。

方法二、蘸粉后扒制：鱼柳表面蘸上面粉，抖去过多的面粉，放于扒制上使两面均扒出网状花纹，淋上腌制汁，入烤炉烤熟后备用。

（5）将鱼柳装入盘内，刷上热的清汁黄油，可以用花形柠檬装饰，少司装入盅内。上菜时配上橄榄土豆等配菜，即成。

3. 菜肴分析

（1）鱼柳烤制时炉温不宜过高。可在鱼柳面上放一片土豆片，以免烤制过火。

（2）龙利鱼柳蘸上面粉后扒制，可减轻铁扒产生焦香味。

（3）龙利鱼柳也可直接扒制，风味更浓厚。

（4）对于脂肪含量较重的海鲜鱼类，如三文鱼、菱鲆鱼、大比目鱼、鲷鱼、沙丁鱼和青鱼等，铁扒时只刷腌制汁，不蘸面粉，直接扒制风味最佳。

（5）制银鱼黄油汁时，若银鱼过咸，可先放入水中焯水，去盐分后再与黄油拌匀，制成银鱼黄油少司。

（6）菜肴特点：鱼肉干香、少司味咸鲜香浓，黄油味浓厚。

训练七、香炸龙利鱼柳

1. 原材料

龙利鱼柳4条，牛奶200mL，啤酒 200mL，面粉200g，鞑靼少司（Tartare Sauce）适量

2. 制作过程

（1）鱼柳肉切成约10cm长、1.5cm粗的长条，用手搓光滑、定型成香鱼的条状备用。

（2）鸡蛋、牛奶、啤酒、盐和胡椒粉调成蛋奶液备用。

（3）将鱼条蘸上面粉后，再放入用鸡蛋、牛奶和啤酒等调成的蛋奶液中腌制，入味后捞出，蘸匀面包粉，放入160℃的热油中炸5min。待外酥内嫩、金黄色时取出，沥油备用。

（4）将炸好的鱼条装入热的菜盘中，上菜时配上柠檬角和炸番芫荽，少司装入汁盅内上菜即成。

3. 菜肴分析

（1）炸番芫荽时，时间宜短，以色泽深绿为佳，主要使用于装饰。也可以用新鲜的番芫荽做装饰。番芫荽洗净后应用吸水纸擦干水分，以免炸制时溅油伤人。将番芫荽放入热油中炸约5s后，取出沥油即可。鱼条炸制的油温不宜过高，火候以外酥内嫩、色泽金黄为佳。

（2）少司除了可用鞑靼汁外，也可用千岛汁、番茄汁和白忌廉汁等代替。

（3）主料可选用牙鳕鱼、鳟鱼、鳗鱼等其他多种鱼类，风味也佳。

（4）菜肴特点：鱼肉外酥香，内鲜嫩，味感丰富。

第五节 甜点制作

甜点，是西餐中的最后一道菜。一般由面粉、糖、油脂、乳制品等原材料制作而成。

训练一、焦糖布丁

1. 原材料

牛奶500mL，鸡蛋4个，糖粉2500g，香子兰香料（Vanilla）1支，水50g

2. 制作过程

（1）把糖粉150g和水放入锅中，置于小火上加热。待糖浆由稀变稠，色泽由浅变深，出现棕红色糖浆后，离火，制作成焦糖。将糖浆倒入圆形的布丁模具底部备用。

（2）将牛奶放入锅中，加香子兰香草，煮沸后冷却备用。将鸡蛋和糖粉放入盆中，搅打至发白时，分次加入牛奶，搅匀后过滤，成布丁蛋乳浆汁。把浆汁缓缓倒入有糖浆的布丁模具内，再将布丁模放入装有热水的烤盘中，一同送入180℃的烤箱内加热。约40min后，取出。

（3）用小刀沿模具内壁四周划一圈，将布丁趁热脱模，装入盘中。用草莓、猕猴桃、薄荷叶等装饰即成。

3. 菜肴分析

（1）制作棕色糖浆时，火力应小，切忌焦煳。在糖汁刚好变成棕色时，就将锅离火。还可以加入少许沸水解散糖浆，方便制作。

（2）若没有烤箱，也可以用蒸制的方法来制作这道布丁。蒸制时用小火、敞气的方式加热。若火大则会使布丁质老形差。注意不能用微波炉来制作这道菜品。

（3）菜肴特点：形状美观，口感滑嫩，甜香适口。

训练二、苏珊鸡蛋薄饼

1. 原材料

牛奶250mL，面粉125g，鸡蛋3个，黄油80g，糖粉20g，盐2g，鲜橙汁200mL，柠檬汁20mL，金万利甜酒30mL，白兰地30mL，鲜橙肉100g，橙皮丝30g

2. 制作过程

（1）20g黄油加热熔化后，冷却备用。将面粉过筛，加入牛奶、鸡蛋、盐、糖粉和冷却的黄油汁，调匀后过滤成蛋奶浆。

（2）将不粘锅烧热，加黄油烧化，倒入少许的浆汁，摊平后煎成两面金黄色的薄饼。

（3）将糖放入锅中加热熔化，成棕红色时加入40g黄油搅化，倒入鲜橙汁、柠檬汁和金万利甜酒煮沸。把煎好的薄饼依次放入糖汁中，加入白兰地，点燃后烧出酒香味。最后把薄饼（2张/份）装入盘中，将橙肉和橙皮丝放在薄饼上，淋上橙汁即成。

3. 菜肴分析

（1）薄饼不宜煎得太厚，否则口感不滑嫩。

（2）浆汁中可以加入巧克力粉即成为巧克力薄饼，加入水果类馅料就成为水果薄饼。另外，还可以用薄饼的外皮卷裹海鲜馅料，制作成独特的海鲜鱼肉卷等，变化形式多种多样。

（3）菜肴特点：薄饼香甜可口，奶香味浓，带有独特的酒香味。

训练三、火焰煎香蕉

1. 原材料

去皮的香蕉8根，黄油80g，砂糖80g，葡萄干50g，朗姆酒100mL，杏仁片20g

2. 制作过程

（1）平底煎锅中加黄油烧化，加入砂糖，炒至糖浆变稠，成红棕色时，放入香蕉煎制。

（2）待香蕉两面均匀蘸上棕红色的糖浆时，撒上葡萄干拌匀，倒入朗姆酒点燃，烧出酒香味，将香蕉放入盘中，浇上糖汁，撒上杏仁片即成。

3. 菜肴分析

（1）香蕉以形状完整，无虫蚀的为佳。

（2）下锅时糖汁的色泽不宜太深。以浅黄色为佳，容易操作。

（3）煎香蕉的时间宜短，刚上色即可。否则不易成形，口感也差。

（4）菜肴特点：香蕉软嫩甜香，酒香味浓。

训练四、水果雪芭

1. 原材料

草莓300g，糖粉150g，柠檬汁1/2个，水150mL

2. 制作过程

（1）将糖、水和柠檬汁放入锅中熬煮，至糖汁浓稠、清亮时，离火，晾凉备用。

（2）将草莓洗净，放入搅拌机中搅成很细的蓉泥，过滤后加入蜜糖汁和适量柠檬汁，调味后放入冰柜中冷冻备用。

（3）待雪芭冻硬后取出，使之略微软化后，用调羹舀出装盘，配上猕猴桃、草莓、蜜桃等水果装饰即成。

3. 菜肴分析

（1）制作简便。除了以上的原料，还可以用雪梨、蜜桃等水果。

（2）调味时可以根据喜好加入苹果白兰地（Calvados）等，风味宜人。

（3）可以用鸡尾酒杯做盛器装盘，更加漂亮美观。

（4）菜肴特点：色彩鲜艳、美观，甜香爽口。

训练五、红酒烩雪梨

1. 原材料

雪梨4个，红酒1L，砂糖120g，肉桂1支，香子兰香草1支，橙皮1个，黑胡椒粒10g

2. 制作过程

（1）将红酒、砂糖、肉桂、香子兰香草、橙皮和黑胡椒粒一同放入锅中，加热煮沸。将雪梨去皮、去芯，切成两瓣，放入红酒汁中，加盖小火焖煮40min。待雪梨软熟、成深褐色时取出，晾凉备用。

（2）将红酒汁继续浓缩至浓稠发亮时，成少司，冷透备用。

（3）将雪梨装盘，淋汁即成。

3. 菜肴分析

（1）选择个大、形好的雪梨，质佳味好。

（2）雪梨用小火慢煮，至软熟入味为佳。

训练六、雪花蛋奶

1. 原材料

鸡蛋白8个，盐5g，糖粉325g，牛奶500mL，鸡蛋黄4个，香子兰香草5g

2. 制作过程

（1）牛奶倒入锅中，加香子兰香草，加热煮沸5min后，离火备用。

（2）将蛋白放入不锈钢盆内，搅打至发泡时，加入糖粉200g继续搅打，至蛋白定型、成雪花泡状的蛋泡时备用。

（3）将牛奶和糖粉放入锅中煮至微沸，用两把大汤勺将蛋白糕做成橄榄形，放入牛奶中翻动、煮制，待凝固、定型成蛋白糕后取出，沥水备用。

（4）另将蛋黄和糖粉放入盆中，搅打至发白、起泡时，倒入1/3的热牛奶，搅拌均匀。再把混匀的蛋奶液又倒入剩有2/3的热牛奶锅内，继续加热、搅拌，煮至蛋奶液浓稠、黏勺时，成英式奶油汁，将汁过滤，送入冰箱冷藏备用。

（5）将英式奶油汁淋入盘中，放上煮好的蛋白糕，上菜即成。

3. 菜肴分析

（1）蛋白泡应现打现用，否则容易松散。

（2）打雪花蛋白泡时，手法应先轻后重，先慢后快，打至蛋泡定型、有骨力、不软塌时即可。

（3）在搅打蛋黄时，隔水加热的温度不宜太高（40℃为佳），否则会使蛋黄凝固，影响成品效果。

（4）菜肴变化：焦糖雪花蛋奶做法同上，只是最后成菜时将熬制好的焦糖丝网罩在蛋白糕上，既美观、又增加风味。

（5）菜肴特点：蛋白糕软滑、甜润，少司香甜。

思考题

1．了解西餐开胃菜、沙拉、汤菜、主菜、甜点的特点。

2．熟练掌握欧美经典菜肴制作工艺。

课外阅读

中西餐饮服务比较

餐饮服务涉及的范围很广泛，包括托盘、折花、摆台、斟酒、上菜以及分菜等服务的基本技能，以及餐前准备工作、迎宾服务工作、餐中服务工作、餐后结束工作等基本环节，还包括服务礼节、操作技巧等。

现代的中餐服务，虽然借鉴了许多西餐服务的特点，但由于各自的历史、文化、风俗、习惯等的不同，中西餐饮的服务与中西烹饪一样，在比较后我们发现，两者既有许多相似之处，也有许多差异之点。

一、中西摆台基本元素比较

从摆台基本技能上分析，中西餐饮服务，对摆台的基本要求相同，但摆台的基本元素不同。

摆台，是把各种餐具按要求摆放在餐桌上，是餐饮服务工作中一项重要的基本内容。为了达到方便就餐者，并达到美观大方的目的，在摆台中，无论是中餐还是西餐，都要求餐位安排有序、台面设计要合理、餐具距离均匀、位置准确、成形美观、使用方便等。从这些摆台基本要求上分析，中西餐大体一致。

中餐与西餐对摆台的基本要求虽然差异不大，但由于文化背景的巨大差异，在摆台元素上，尤其是最基本的进食的工具，两者存在天壤之别。中餐是筷子，而西餐则是刀叉。

一般来说，人类进食的工具大体有两种：刀、叉或者筷子。不同的民族或者国家的人，受文化、历史、习惯等因素影响，在漫长的历史演变与发展中，逐渐选择适合自身的进食工具。

中国人选择了筷子为主的进食工具，而西方人则选择了刀叉。这种看似小小的差异，却使中西餐饮服务形成了各自的不同特色。

1．刀叉摆台，是西餐服务的重要特点

刀叉文化的背景，是畜牧文化。西方刀叉的最初起源，与欧洲古代游牧民族的生活习惯有关。游牧民族以马上生活为主，一般随身带刀，将肉烧熟后，割下来就吃。虽然后来走向定居生活，但长期的畜牧背景，使得西方人养成以牛羊肉等肉类为主食、面包为副食，并直接用手拿或者用刀切割肉送进口里的饮食习惯。

这样的情形，持续了相当长的时间。据资料记载，在16世纪以前，西方人在进餐时，几乎没有任何餐具，总是先用刀切割好食物后，再用手指抓食。当时的一个礼仪规范是："取用肉食时，不可伸出三根以上手指。"这种以手抓食物的进食方式，在当时，并没有被认为不妥，而是理所应当的。因此，即便在有了刀叉后，最初仍有许多人不能接受。在中世纪时期，德国的一个传教士，将叉子斥为"魔鬼的奢侈品"，还说，"如果上帝要我们用这种工具，他就不会给我们手指了"。

不过，当西方人开始普遍使用刀叉后，刀叉几乎成为西餐就餐中形影不离的一对，刀叉的选择、使用及其布置等，就成为西方上流社会的礼仪，也是西餐服务最讲究的部分之一。

这种讲究，尤其体现在刀叉的种类上，西餐刀叉有数十种之多，不同的刀叉要求对应不同的菜肴。因此，西餐的一顿正餐往往不能靠一副刀叉完成，而是靠多副刀叉共同完成。在进餐过程中，通常是吃一道菜换一副刀叉，例如吃牛肉用牛肉刀与牛肉叉，吃鱼用鱼刀和鱼叉，吃沙拉、吃甜点都有不同的刀叉。一顿正餐常常需要换用四副刀叉甚至更多。这样的进餐方式，使得西餐特别重视进餐工具的服务，不仅强调在就餐中及时为顾客更换刀叉，更特别强调刀叉要与菜肴相配。例如，上鱼肉菜，在摆台时配上牛排刀，或者吃开胃菜却配上主菜的刀叉，都是服务中的严重失误。

不仅如此，西餐中的刀叉类还有许多专有品种，如专门用于抹黄油的黄油刀、切干酪的干酪刀、切面包的面包刀以及生蚝刀、龙虾刀、蜗牛刀等。这些刀具都各司其职，绝不能混用。英国人唐纳德在《现代西方礼仪》中说："我们的祖先似乎为每一种特殊情况都发明了一种刀具或叉具，从叉取泡菜到切奶酪，样样餐具一应俱全。"

众多种类的刀叉，使西餐的摆台成为西餐服务的最复杂的环节之一，也增加了西餐的摆台难度。因此，与中餐不同，在西餐服务中，服务人员对刀叉的认识、熟悉和正确使用，便成为摆台的基本功。

举例来说，宴席中的菜肴如果依次是开胃品、汤、鱼、牛排、甜点，那么服务中，刀叉等餐具应该按照以下方式和要求摆放（图6-3）：

·摆餐盘。

·餐盘的右侧：从左到右依次摆放牛排刀、鱼刀、汤匙、开胃品刀，刀口朝左，匙面向上。

·餐盘左侧：从右到左依次摆放牛排叉、鱼叉、开胃品叉，叉齿朝上。

·叉子左侧：放面包碟，摆放黄油刀。

·餐盘的正前方：摆甜品匙，匙柄朝右。甜品匙的前方平行摆放水果叉（或甜品叉），叉柄朝左。水果叉的前方平行摆放水果刀，刀柄朝右。

图6-3　西餐摆台

· 摆放各种酒水杯。

从这个例子可以看出，仅仅是6道菜肴，西餐的摆台就已经十分复杂。如果是正式或者传统的高档宴席，需要摆台的刀叉种类会更加繁杂。因此，西餐的摆台是西餐服务是一个重点和重要的环节，也是西餐服务文化的重要特点之一。

2．筷子摆台，是中餐服务的重要特点

与西餐不同，用筷子摆台，是中餐服务的重要特点，筷子文化，是中餐服务文化的重要特色和组成部分。

筷子，古称"箸"，是当今世界上公认的一种独特餐具。这种餐具，如果不经过一定的训练和经验的积累，使用起来是有一定的难度的。因此，有西方学者赞扬说，筷子是中华民族智慧的结晶。

中国是筷子的发源地，以筷进餐，至少也有3000多年的历史。《礼记·曲礼上》就有筷子记载，并且还制定了一定的规矩。"羹之有菜者用梜，无菜者不用梜。"这里的梜，就是筷子。先秦时，菜除了生吃外，多用沸水煮食，按照当年礼制，筷子只能用来夹取菜羹，吃饭是不能动筷子的，否则被视为失礼。

自从中国人选择了筷子作为进食工具以后，筷子的多功能性逐渐显现出来。与刀叉不同，仅仅一副筷子，既可以用来夹取细嫩的鱼肉，也可以夹取粗老的牛肉，既可以轻松夹取小型的食物，也可以夹取较大的原材料，一物多用，得心应手。绝不会像西餐那样，吃鱼排的刀，由于没有锋利的刀齿，而无法用于牛肉的切割，不得不吃一道菜换一副刀叉。

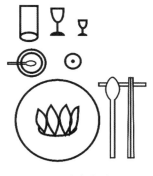

因此，相比之下，中餐的摆台比较简洁，即便是正餐宴会的摆台，也没有西餐那样复杂。以中餐宴会摆台程序为例（图6-4）。

图6-4 中餐摆台

· 摆骨碟。

· 摆放小汤碗、小汤勺和味碟。

· 摆放筷架、长柄汤勺、筷子。

· 摆放酒水杯。

在中餐服务中，筷子是摆台必不可少的工具，与西餐中刀叉的"多具一用"相比，"一具多用"的筷子，可以使就餐者从开餐用到就餐结束。这样的就餐特点，使得中餐的摆台不仅简洁，而且减少了进食用具的服务（包括选择、搭配、撤换等）麻烦。

二、中西酒水服务比较

在餐饮服务中，无论是中餐还是西餐，酒水服务都是服务的重要一环，酒水可以活跃就餐气氛，也可以与菜品匹配，而达到相得益彰的效果。不过，相较而言，西餐的服务中，对酒水服务这个环节更加重视。在服务中，不仅讲究不同的酒水与不同杯子、不同菜肴的正确搭配，对不同酒水的服务方法和标准，也都有严格的规定。这使得西餐的酒水服务更加专业，品质也更高。

1．西餐规定更严格的服务程序和标准

在西餐服务中，不同的酒水制定不同的服务程序与标准。在服务中，要求服务人员严格按照规定的程序和标准进行服务。以西餐服务中常见的红葡萄酒为例（表6-1）。

表6-1　红葡萄酒服务程序和标准

项目	程序	标准
红葡萄酒服务程序与标准	1．准备工作	（1）准备好酒篮，并将一块干净的餐巾铺在酒篮中 （2）将葡萄酒放在酒篮中，商标向上 （3）在宾客的水杯右侧摆放红葡萄酒杯
	2．示瓶服务	（1）服务员右手拿起装有红葡萄酒的酒篮，走到宾客座位的右侧，另外取一个小碟子放在宾客餐具的右侧，用来放开瓶后取出的木塞 （2）服务员右手持酒篮，左手轻托住酒瓶的底部，倾斜45°，商标向上，请宾客看清的商标，并询问宾客是否可以立即开瓶
	3．开瓶服务	（1）将红葡萄酒立于酒篮中，左手扶住瓶颈，右手用开酒刀割开封口，并用一块干净的餐巾布将瓶口擦净 （2）将酒钻垂直钻入木塞，注意不要旋转酒瓶。当酒钻完全钻入木塞后，轻轻拔出 （3）将木塞放入准备好的小碟子中，并摆在宾客红葡萄酒杯的右侧
	4．斟酒服务	（1）服务员将打开的红葡萄酒瓶放回酒篮，商标向上，同时用右手拿起酒篮，从宾客右侧斟倒1/5杯红葡萄酒，请宾客品评酒质 （2）宾客认可后，按照先客后主、女士优先的原则，依次为宾客倒酒，倒酒时站在宾客的右侧，斟酒量为1/2杯 （3）每倒完一杯酒要轻轻转动酒篮，避免酒滴在餐台上 （4）倒完酒后，把酒篮放在宾客餐具的右侧，注意不能将瓶口对着宾客
	5．续杯服务	（1）留意客人杯中酒量，掌握好续杯的时机 （2）当整瓶酒将要倒完时，要询问宾客是否再加一瓶。如宾客不需要加酒，待其喝完杯中酒后及时撤掉空杯 （3）如果宾客同意再加一瓶，再按以上服务方法和标准操作一遍

在西餐的酒水服务中，对服务人员的服务程序和标准，有严格要求，需要依照不同的环节依次进行服务，前后顺序是不能颠倒的。不同的酒水，特点不同，在不同的服务环节，如准备工作、示瓶服务、开瓶服务、续杯服务、斟酒服务、品酒服务等，也要采取不同的方法。比如，香槟酒和白葡萄酒在开瓶前，要先放在冰桶中冷却，红葡萄酒却不需要这个步骤。而在开瓶服务中，白葡萄酒和香槟酒的打开方法也是不同的。

不仅是葡萄酒、香槟酒，其他的酒类，比如朗姆酒、白兰地等酒水的服务，也有不同的要求，因此，相比中餐的酒水服务，西餐酒水服务的要求更加细腻而严格。

2. 西餐强调酒水与酒水杯的搭配

中餐服务中，除了啤酒、绍酒等品种外，传统上的酒品种，是以高度酒为主的。这些高度的白酒，种类虽然很多，但在酒具的选择上，却比较单一。因此，在中餐的服务上，酒水服务这个环节，对不同酒水搭配不同的形状和特性的杯子，没有特别要求。而西餐的酒水服务则不同。

根据汉姆·布朗《餐饮服务手册》记载，用于盛酒的酒杯非常多，不同的酒有不同的杯子，例如盛装红葡萄酒的红葡萄酒杯、盛装白葡萄酒的白葡萄酒杯、盛装鸡尾酒的鸡尾酒杯、盛装香槟的香槟杯，以及玛蒂尼杯、甜酒杯、小甜酒杯、啤酒杯、雪利杯、巴黎杯、夏威夷杯、古典杯、水兵杯等，品种眼花缭乱。而且，即便是同一类酒，也会因为酒的风格不同，选择不同的杯子。例如，同样是用葡萄酿造的葡萄酒，如盛波尔多葡萄酒，选择四周略鼓起，口部比较收紧的杯子，这样的杯子可以让波尔多葡萄酒浓郁的香味缓慢释放，而盛香槟酒的酒杯，则选择形态细长的高脚杯，目的是能够更高地欣赏香槟酒细腻的气泡，从下而上绵绵不绝的优雅景色。

由于酒有不同的特性，在西餐的服务中，服务人员需要根据不同酒的特点，正确选择相对应的酒杯，以使顾客品享到酒的最佳风味。因此，在餐饮服务中，强调酒水与酒杯的搭配，是西餐酒水服务的一大特色。

3. 西餐强调不同品种的酒水，搭配不同的菜肴

在酒水与菜肴之间，如何正确而巧妙地搭配，从而使得两者都相得益彰，这个问题，在中餐的服务中，考虑得比较少。

中餐的酒水服务，主要强调斟酒的顺序、次序以及时机，对什么菜配什么酒，并没有特别要求。以某中餐厅服务员酒水服务的培训内容为例（表6-2）。

表6-2　中餐酒水服务要求

进餐形式		斟酒顺序	斟酒次序	斟倒时机
零餐	零点	以顾客要求为主	无固定次序	顾客点什么就斟倒什么
	席桌	顾客的饮食习惯和要求	通常由主宾开始	征求主人意见
宴会	单桌	通常先斟酒度较高的烈性酒、其次是色酒，再次是其他	先主宾、后主人、再其他来宾	宾主落座后，征求主人意见
	多桌	先色酒，其次是酒度较高的烈性酒，最后是其他	先主桌、后其他餐桌	开宴前5～10min将色酒斟倒完毕其他的等开宴后再征求顾客意见

从这个表格中的内容分析，中餐虽然对斟酒顺序、斟酒次序、斟倒时机等做了详细的说明，但对不同的酒水如何与不同的菜肴搭配，却基本没有涉及。

与中餐相比，西餐的酒水服务，特别注重酒水与菜肴的搭配。以某西餐厅服务员酒水服务的培训内容为例（表6-3）。

表6-3　西餐酒水服务要求

斟酒时机	推荐酒水	搭配酒杯
上冷盘前	烈性酒	烈性酒杯
上汤前	雪利杯	雪利酒杯
上鱼、海鲜、白色的肉类前	白葡萄酒、玫瑰酒	白葡萄酒杯
上副菜或深色家禽肉、牛排前	红葡萄酒	红葡萄酒杯
上主菜前或西餐的各种菜点	香槟酒	香槟酒杯
上甜点前	甜食酒	用葡萄酒杯
上水果前	通常不上酒	
上咖啡前	白兰地、利口酒	白兰地酒杯、利口酒杯

　　从上面表格中的内容，我们可以看出，西餐对酒水服务的要求，与中餐不同，酒水推荐，要根据不同菜肴的不同特点，进行合理搭配，一门很讲究的技巧。

　　因此，西餐的酒水服务，对服务人员的要求是比较高的。在服务的过程中，服务人员不仅需要对菜肴特点了如指掌，对于酒的性味，也要十分熟悉，这样才能在顾客点不同的菜肴时，推荐最匹配的酒水，以达到酒菜合一的目的。

　　这种搭配，对服务的要求比较高。因此，在西方的高级餐厅，会有专门的酒水服务人员，根据所挑选的菜色、预算、喜爱的酒类口味，为顾客推荐适合的酒水。在西餐中，酒与菜肴的搭配，需要经验和技巧。最讲究的服务，一般是一道菜，搭配一种酒。不过一般来说，红肉配红酒，牛肉一般配干红，白肉则配白酒，如鱼类则搭配干白酒等。在上菜之前，服务人员一般会推荐香槟、雪利酒或吉尔酒等较淡的酒，以达到清新口气、开胃的作用。

三、中西菜点服务方式比较

　　菜点服务，是餐饮服务的核心和重要环节。如何根据顾客的不同需要，为他们建议、搭配、提供味道适口的菜肴，是中西餐服务共同追求的目标。在对中西餐饮的菜品服务过程进行比较后，我们发现，两者在上菜顺序上，都基本遵循菜单的结构顺序，但由于中西餐文化差异非常大，在服务方式上，两者选择了不同的方法。

　　1．不同的菜单结构，相似的上菜顺序

　　无论中餐服务还是西餐服务，都离不开菜单。虽然中餐与西餐的菜单结构并不相同，但在通常情况下，服务人员会根据菜单中菜肴的排列顺序上菜。

　　根据西方餐饮行业比较权威的培训手册《西餐服务员手册》的分类，一份正式的西餐菜单，一般有5个部分：

· 开胃菜

· 汤

· 副菜

· 主菜

· 餐后甜点

大部分的西餐餐厅，是按照上述的5个部分，安排菜单结构的。当然，不同的餐厅，由于风格、等级、档次等不同，在菜单上，还会选择以下内容，例如比萨、意大利面条、三明治、汉堡等。

而中餐的菜单结构，虽然在各个地区有所差异，但基本上是3大部分：

· 凉菜

· 热菜

· 点心

在此基础上，中餐的菜单还可以细分，如高档餐厅，将燕鲍翅单独列出；特色餐厅，将自己的特色菜肴单独列出等。但总体来讲，基本是按照凉菜、热菜、点心的格局进行编排的。

在中西餐菜肴的服务中，服务人员一般根据菜单结构顺序来上菜。比如西餐一般会遵循先上开胃菜、最后上甜点的顺序。在中餐菜肴的服务中，也会依照先冷菜后热菜进行。如果没有特别的要求，服务员一般不随意前后颠倒，例如，中餐菜品服务中，服务人员一般不会先上热菜，再上冷菜；而在西餐的服务中，也不允许先上主菜，后上汤菜。

2. 聚餐式与分餐式服务方式

中国与西方，由于文化、习俗等方面的差异，在就餐方式上，采取了截然不同的两种方式，即聚餐与分餐。在这样不同的就餐方式影响下，中西餐服务，也各自采取与自身文化相适应的服务方式：聚餐式的服务方式和分餐式的服务方式（图6-5至图6-6）。

中餐的就餐，是以聚餐为特征的，常选择圆桌，以便于聚集和用餐。相应地，菜品的服务方式也与这种方法相适应。

由此，对上菜位置、上菜的时机、菜肴的摆放原则方面，中餐的服务与西餐服务产生了差异。

首先，由于大家是聚在一起，共同食用同一道菜肴的，上菜的位置，一般没有特别规定，可以从圆桌旁的任何一人的旁边上菜，但为了安全起见，通常在服务中不会在小孩和老人旁边上菜。

其次，由于大家是聚在一起就餐的，为了防止餐桌出现无菜可夹的冷落现象，中餐的菜品服务，非常讲究上菜的时机。一般来说，当冷菜吃到2/3时，就可以上第一道热菜了，一般要求热菜要在30min内应当上完。此外，上菜时，还要注意节奏，比如上菜不可太慢，前一道菜将要吃完时，就要上下一道菜，防止出现空盘空台的现象；上菜也不可太快，过快造成菜肴堆积，影响客人的品尝。

再次，由于是聚餐式服务，许多菜肴会同时摆在餐桌上。中餐菜品的服务，特别注重不同菜肴之间的搭配关系，也就是服务中的"摆菜技术"。这项技术，是中餐菜品服务中特有的。一般来说，中餐摆菜的基本要求是讲究造型艺术，尊敬主宾，方便食用。例如，冷菜在摆放时要注意"三岔"，即岔色、岔形、岔味。同时，所有的冷菜碟应均分餐桌，即碟与碟之间间距相等，这样，可以使每位顾客面前都有菜肴可以夹取。再如，有工艺冷菜拼盘，要将其放在餐桌正中，以便所有的人观赏。而在热菜的摆台中，服务人员也会将头菜、整只、整形、整块的菜、汤菜等先摆放在餐桌的中央，供所有客人欣赏及食用。为尊重主宾，新上的菜要先摆在主宾的位置。其余的热菜则按"一中心、二直线、三三角、四四方、五梅花"的形状进行摆放。即上一个菜时将其摆放在餐桌中心位置，二个菜时将其并排摆放，三个菜时将其摆放成三角形，四个菜时将其摆成四方形，五个菜时将其摆成梅花形。此外，在服务时，按照我国传统的礼貌习惯，注意"鸡不献头，鸭不献尾，鱼不献脊"。即上菜时，不要把鸡头、鸭尾、鱼脊朝向主宾，应将鸡头、鸭头朝右边。上整鱼时，应将鱼腹而不是鱼脊朝向主宾，因为鱼腹刺少味美，朝向主宾表示尊重。如果上有图案的菜肴时，如孔雀、凤凰等拼盘，则应将菜肴的正面朝向主宾，以供主宾欣赏和食用。

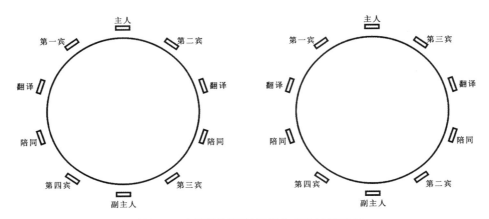

图6-5　中餐的聚餐制就餐方式常采用圆桌

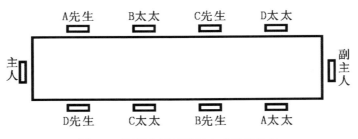

图6-6　西餐分餐制就餐方式常用长桌

与中餐不同，西餐的就餐是以分餐为特征的，菜品的服务方式也相应地与这种特征相适应。

首先，由于是分餐，每个顾客各自点各自的菜肴，服务人员在服务中需要为每个顾客上菜。因此，与中餐不同，西餐服务中在上菜的位置上，做了详细的规定和强调。比如，在法式服务中，法式服务要求，从顾客左侧用右手上黄油、面包、沙拉；其他食物用右手从顾客右侧上；餐具从顾客右侧撤下。俄式服务要求出菜前，服务员先从顾客右侧按顺时针方向右手送上空盘；上菜时左手托菜肴，从顾客左侧用右手将菜夹到顾客的餐盘里，逆时针方向绕台分菜；斟酒、上饮料和撤盘都在宾客右侧操作。美式服务要求菜肴在厨房已分装完毕后，由服务员托送上桌。上菜、撤盘位置均在顾客的右侧。英式服务要求服务员先将热空盘放在主人面前，再将装着整块食物的大盘从厨房中拿到餐桌旁，交给主人由主人分餐装盘后，服务员负责端送给每位宾客。

其次，由于是分餐，在服务中，西餐特别强调尊重每个食客的需求，认真记录每位顾客所点菜肴及其要求，如生熟程度、口味要求、配菜调料、上菜时间等。由于不同的顾客所点的菜肴不同，为了防止将菜肴张冠李戴，西餐服务中，要求服务人员一般从主人位或主人右侧第一位主宾按逆时针方向进行点菜，并且还要准确记下点菜顾客的餐位，以将顾客所需要的菜肴准确地送到顾客面前。

亚洲西餐菜肴

学习内容

第一节　日本菜肴制作

一、日本料理的特点

日本料理，按照字面的含义来讲，"料"就是把材料搭配好的意思，"理"就是盛东西的器皿。日本料理，一般指日本烹调技术和菜肴制作。

日本料理和日本文化一样，深受外来饮食的影响，进入日本后，不断地加以改造和融合、变化，最后发展成为独具日本风格的菜肴。在这个过程中，中国饮食文化对日本料理影响最大，日本菜肴的名称、内容、材料和调味料等都可见到中国饮食文化的影响。

日本料理在发展的过程中，逐渐形成了不同的风格，其中主要有4类：怀石料理、卓袱料理、茶会料理、本膳料理。如果按照地区菜系来分，通常为两大地方菜系，即关东料理和关西料理。其中以关西料理影响为大，关西料理比关东料理历史长。关东料理以东京料理为主，关西料理以京都料理、大阪料理为主。

日本料理的制作，材料新鲜，切割讲究，摆放艺术化，注重"色、香、味、器"四者的和谐统一，不仅重视味觉，尤其重视视觉享受。

日本人把日本菜的特色归结为"五味，五色，五法"。五味是春苦、夏酸、秋滋、冬甜、别具一格的涩味。五色是绿春、朱夏、白秋、玄冬，还有黄色。五法是指蒸、烧、煮、炸、生。

二、日本典型菜肴制作技艺

训练一、日本寿司卷

1. 原材料

海苔10片，黄瓜500g，烤熟鳗鱼250g，熟蟹柳100g，牛油果80g，三文鱼500g，寿司米饭500g，白糖30g，白醋30g，味淋10g，清酒10g，柠檬汁、芝麻适量

2. 制作过程

（1）先调米饭的醋　将白醋、白糖、柠檬、海带、味淋和清酒调和成甜酸醋汁。

（2）将米饭煮熟后与调好的醋拌均匀，牛油果切开，切小条。三文鱼、鳗鱼、蟹柳切条。

（3）制作内卷寿司　寿司竹席上放海苔，放米饭压均匀，放上三文鱼条（或牛油果条、蟹柳条），卷内卷。

（4）制作外卷寿司　寿司席上放海苔，放米饭压均匀撒芝麻后翻面，分别烤鳗鱼条、黄瓜丝、牛油果条，卷外卷。或者放大虾、生菜、葱花、黄瓜丝，卷外卷。

（5）装盘　盘头放芥末、甜姜片、生菜装饰。寿司卷依次摆放即可。

3. 菜肴分析

（1）制作寿司卷的时候，要使用日本寿司竹席，通常用保鲜膜包裹后来使用，避免粘上米饭粒或是清洗的时候麻烦。

（2）寿司大米如果没有日本产的，可使用中国珍珠米加糯米混合使用，基本能达到日本寿司米的效果。寿司醋和大米的比例是1:3。一般醋汁要提前3d制作好。

（3）寿司的一个特点是卷。卷分多种：米饭在海苔里面叫内卷，米饭在海苔外面叫外卷。直接卷好成一个冰激凌筒的形状叫手卷。卷上很多东西，外面包裹上其他鱼类叫大卷。此外，还有饭团。饭团是把调好味的米饭和各种鱼类或是蔬菜或是腌制的水果包在海苔里面，做成一个大饭团。

（4）制作好的卷米饭软硬适度，里面的原料紧密适度，不散、不爆的质量为上等。

（5）寿司卷是比较大众化的食物，注重务实，装盘就比较简单，色泽朴实，但口味不变。卷的变化很多，能高档也能低档，可根据需要变化（图7-1）。

图7-1　各种日本寿司卷

训练二、日本寿司拼盘

1. 原材料

三文鱼200g，吞拿鱼200g，烤熟鳗鱼200g，鱿鱼50g，西岭鱼200g，白金枪200g，八爪鱼200g，鲷鱼200g，马鲛鱼50g，白糖150g，白醋150g，味淋50g，清酒50g，白芝麻50g，红鱼子50g，海苔1包，海带5g，寿司米饭大米2500g，葱花少许

2. 制作过程

（1）日本烤鳗鱼切开两半，斜刀切菱形片备用。海苔切丝和宽条备用。虾串竹签煮后，去壳、去头、片开、泡醋汁备用。

（2）三文鱼、吞拿鱼、马鲛鱼、鲷鱼、西岭鱼、白金枪鱼、八爪鱼加工成方条型，切成菱形片，包上米饭团，用手捏成水滴型。

（3）鳗鱼、小鱿鱼放在方型的小米饭团上，绑上根海苔丝，撒点葱花即可。

（4）宽海苔片包小饭团，上面放红鱼籽即可。大虾包上米饭团捏成水滴型即可。

（5）装盘。盘头放芥末、甜姜片、生菜装饰。寿司按先红肉后白肉再是虾、贝类的原则摆放。配日本酱油碟即成。

3. 菜肴分析

寿司的制作关键是手法。要求制作的寿司大小均匀、饭团紧密、软硬适中、色彩搭配合理（图7-2）。

训练三、日本刺身拼盘

1. 原材料

三文鱼150g，吞拿鱼150g，鲷鱼150g，鳗鱼150g，大虾150g，鱿鱼150g，蟹柳150g，西岭鱼150g，白吞拿鱼150g，柠檬1个，北极贝150g，八爪鱼150g，白萝卜500g，甜姜片50g，竹叶1片，青芥末50g，日本酱油50g

2. 制作过程

（1）把各种鱼肉按红、白肉要求分别切割好。

（2）大虾用竹签串好，煮熟，去壳切对半开，用寿司醋泡好备用。

（3）鳗鱼切菱形片烤热后撒上白芝麻备用。白萝卜切丝冲水备用。

（4）漆盒内放打碎的冰，放竹叶（或紫苏叶），再放上白萝卜丝，最后放上分割好的各种鱼肉即可，配上青芥末、甜姜片即可。

3. 菜肴分析

（1）刺身的制作过程中重点是杀鱼的技巧和鱼类的保鲜。鱼刺和鱼鳞绝对要剔除干净。

（2）刺身的鱼类分为红肉和白肉两种类型。不同类型的鱼肉的品质和质地、口感有很大的不同，必须掌握鱼类的口感、品质、质地区别才能很好地制作日本刺身。新鲜的各种鱼类是刺身制作质量的重要保障。

（3）刺身是最著名的日本料理之一，它将鱼类（多数是海鱼）、乌贼、虾、章鱼、海胆、蟹、贝类等肉类利用特殊刀工切成片、条、块等形状，蘸着山葵泥、酱油等佐料，直接生食。日语写作"刺身"，罗马音为sashimi，中国一般将"刺身"叫作"生鱼片"。

（4）日本刺身拼摆独具一格，多喜欢摆成山、川、船形状，有高有低，层次分明。一份拼摆得法的刺生，犹如一件艺术佳作，色泽自然，色调柔和，情趣高雅，悦目清心，给人以艺术享受，使人心情舒畅，增加食欲（图7-2、图7-3）。

图7-2　日本寿司盘

图7-3　日本刺身盘

训练四、清煮翡翠螺

1．原材料

翡翠螺500g，白萝卜15g，水200g，清酒100g，香葱1根，味淋100g，白糖100g，昆布5g，日本酱油15g，盐10g，姜15g

2．制作过程

（1）先把翡翠螺放入开水煮3min，冲冷水后去掉螺盖。把螺肉拉出来，用小刀切开。清理干净内脏和沙肠。翡翠螺壳清洗干净，煮1h后冲冷备用。

（2）锅内放清水、姜片、昆布、清酒、白萝卜片、翡翠螺肉煮15min。

（3）待翡翠螺肉软后，加入白糖、味淋、日本酱油、盐调味，大火浓缩汤汁后即可。

（4）装盘时，把螺肉回填入煮干净的螺壳内即可装盘，配香葱一根即可。

3．菜肴分析

（1）清理螺肉内脏的时候，不仅是要清理沙肠，还要把它对剖，清理里面的东西。

（2）不同品质的螺肉，煮制时间有较大的区别，原则是必须把螺肉煮软能食用。

（3）日本料理中先付，意思就是佐酒的小菜或是开胃菜的意思。一般是在顾客坐下的时候就提供给顾客很少分量的菜。先付小菜的口味，一般以甜、酸、咸为主，种类多样。这种小菜，通常是免费提供给顾客的开胃菜，也可以作为顾客等待厨师制作菜肴时佐酒的小菜。

（4）本菜酸甜可口、清新脆嫩、佐酒佳肴。

训练五、蒜香牛肉卷

1．原材料

日本雪花肥牛150g，香蒜粒15g，香葱3g，清酒10g，日本酱油10g，色拉油少许

2．制作过程

（1）把冻好的日本雪花肥牛刨成薄片，中间放上香蒜粒和香葱，再把牛肉片卷起来备用。

（2）扒板上放色拉油少许，把牛肉卷接口的地方朝下，煎上色后翻面。

（3）待牛肉成熟上色后，烹清酒和日本酱油调味即可装盘。

3．菜肴分析

（1）必须使用雪花肥牛肉来制作菜肴，否则口感不佳。

（2）可以使用金针菇替代香葱和大蒜，口味更佳。

（3）该菜肴没有汁，关键是清酒和日本酱油的温度控制，使它成汁。一般是当着顾客现场烹调，注意手法技巧和卫生维护。

（4）本菜肉质细嫩、质地化渣、酒香浓郁、格调高雅（图7-4）。

训练六、冷玉豆腐

1．原材料

白玉豆腐50g，木鱼花1g，昆布1片，淡味酱油5g，白芝麻1g，清酒2g，味淋2g，海苔1g，清水50g，香菇1个，海胆5g，小葱1g，绿鱼子2g，紫苏叶1片

2．制作过程

（1）选用上等的白玉豆腐，切块放入冰水中浸泡备用。

（2）另一小锅内放清水、淡味酱油、昆布、香菇、味淋、木鱼花等熬制15min后，冷却备用。

（3）海苔切细丝、小葱切成葱花备用。香菇取出切碎备用。

（4）前菜碟上放浸泡好的豆腐，再配上熬制好的酱油汁，装饰上紫苏叶一片。

（5）把海苔丝、葱花、白芝麻、海胆、绿鱼子、香菇碎配在旁边即可。

3．菜肴分析

（1）豆腐选用白玉内酯豆腐口感最好。海胆一定要十分新鲜。

（2）豆腐最好冰镇后食用口感最好。

（3）冷玉豆腐看起来制作简单，但是格调却很高雅、意境深远，因此做好这道菜肴的关键是料理厨师对菜肴中使用的各种原材料的产地、质地、品质的了解、选择（图7-5）。

图7-4　蒜香牛肉卷　　　　　　　　　图7-5　花式冷玉豆腐

训练七、味噌豆腐汤

1．原材料

清水1000g，味噌200g，清酒15g，味淋15g，昆布5g，木鱼花5g，味素1g，葱花5g，裙带菜5g，豆腐50g

2．制作过程

（1）先在汤锅内放入清水，昆布、木鱼花用小纱布口袋装上，放在汤锅中熬制1h左右。

（2）小香葱切细，冲水后晾干备用。豆腐切小丁冲水备用。裙带菜发好备用。

（3）过滤好木鱼花水里放入味噌，打匀后放清酒、味淋、味素调味即可保温备用。

（4）汤碗底放葱花、豆腐、裙带菜，放热的汤即可。

3．菜肴分析

（1）本菜属于日本料理中的"先碗"类。先碗就是日本料理中的汤。日本吃饭的时候，一般和西餐差不多，先上汤再上米饭等菜肴，因此叫先碗。

（2）在饭前上的清汤一般叫"先碗汤"。先碗汤是用木鱼花的一遍汤所做，汤色清澈见底，口味清淡，并具有汤料的鲜味，汤底料很少。还有一种叫酱汤。酱汤也叫"后碗汤"。主要是以大酱为原料，调味使用木鱼花二遍汤。酱汤一般都是浓汤，口味较重，一般都放入豆腐、葱花，也有放季节性海鲜品或菌类的，用蘑菇等来提高酱汤鲜味。酱汤一般与米饭一起在最后上，是最受日本人欢迎的汤之一，也是日本人一日三餐必备之物。通常的日式高级料理都有两道汤，即清汤和酱汤。一般料理上一道酱汤即可。

（3）菜肴制作中应注意：

① 放入味噌后不能熬制太久，否则味噌会变色失去香味。

② 味噌有红、白两种不同的颜色和口味，一般这里使用白味噌。

（4）菜肴具有颜色微黄、口味鲜美、豆腐细腻、海带脆嫩的特点（图7-6）。

训练八、关东煮

1．原材料

关东酱300g，清水3000g，清酒30g，味淋30g，昆布5g，味素10g，葱花15g，老姜25g，豆腐150g，木鱼花15g，香菇50g，金针菇50g，墨鱼丸50g，鱼饼50g，蟹肉丸50g，黄金饼50g，虾饼50g，贡丸50g，鱼饼50g，炸豆腐50g，马蹄50g，冻豆腐50g，竹签50支，辣酱150g，胡椒粉适量

2．制作过程

（1）用关东酱、清水、清酒、味淋、昆布、味素、葱花、老姜、木鱼花熬制基础汤汁，再用盐、胡椒粉调味备用。

（2）把各种肉丸、肉饼用竹签串好备用。马蹄、各种豆腐、蘑菇等菌类也串好备用。

（3）把调制好的汤汁倒入关东煮锅内，分别把各种串放入煮好即可。

（4）吃的时候，取出肉串，蘸辣酱即可。

3．菜肴分析

（1）关东酱一般都是现在的袋装，使用方便、口味相同。

（2）煮的各式肉丸一般可以自己制作或购买现成的直接使用。

（3）由于各种肉串的成熟时间不一，要特别注意放入的先后次序。

（4）基础汤调制的口味要比较浓郁，肉串才容易入味。

（5）本菜属于日本料理的"煮物"类。煮物，就是烩煮料理的意思，一般是把两种以上材料，煮制后分别保持各自的味道，配置放在一起的菜。主要代表是关东、关西派，用合乎时令的原料，加上木鱼花汤、淡口酱油、酒，微火煮软，煮透，口味一般甜口，极清淡（图7-7）。

图7-6　味噌豆腐汤

图7-7　关东煮

训练九、天妇罗粉炸大虾

1．原材料

大虾120g，天妇罗粉250g，红薯50g，南瓜50g，油1000g，鸡蛋50g，白萝卜30g，姜5g，酱油50g，鱼露25g，糖50g，西蓝花50g

2．制作过程

（1）大虾去头，去壳，去沙筋，两边开刀，捏长备用。

（2）红薯、南瓜切片。西蓝花两朵备用。白萝卜打泥。

（3）天妇罗粉加鸡蛋加水调和（剩下一半的粉备用）。

（4）虾、南瓜、红薯、西蓝花蘸干粉后，再蘸上调和的浆。

（5）色拉油烧至七成热时，放入虾、南瓜、红薯、西蓝花炸熟即可，装盘。配日本酱油加白萝卜泥做的味碟。

3．菜肴分析

（1）天妇罗（Tempura），是一种特别的油炸食物，是日本料理的代表菜。主要以鱼、虾和各种蔬菜调和天妇罗粉来炸。要求油十分干净。吃的时候配以天妇罗汁和萝卜泥。天妇罗粉是一种特制的粉，裹上原料后油炸，口感好，味道鲜香，酥脆可口。

（2）加工大虾的手法，是菜肴成功的关键步骤　先把调好的浆拉入油中，打散成碎片后，放入虾，碎片会吸附在虾的四周，这样成型有蓬松态。

（3）油温的掌握和油的干净成色，不同的蔬菜的炸制时间不同。

（4）菜肴特点：味道鲜香，酥脆可口。色泽微黄、外酥内嫩（图7-8）。

训练十、盐烤秋刀鱼

1．原材料

秋刀鱼500g，清酒15g，味淋15g，柠檬1个，岩盐5g，竹叶1片，酸甜藕片1片，白芝麻1g，日本酱油汁50g

2．制作过程

（1）秋刀鱼清洗加工，用竹筷从秋刀鱼口中把内脏取出来。

（2）秋刀鱼两面洒上清酒、味淋和柠檬汁，并撒上岩盐，放在烤架上入烧物烤箱烤熟。

（3）盘上放竹叶装饰，再把烤好的秋刀鱼摆上，配酸甜藕和柠檬角、白萝卜泥，出菜时配日本酱油汁。

3．菜肴分析

（1）秋刀鱼是日本人喜爱的常用鱼类。岩盐是高档的食盐，富含丰富的各种微量矿物质成分。

（2）制作的时候可以使用普通的焗炉替代日式焗炉。

（3）为方便出菜，通常要把秋刀鱼先烹熟备用，顾客点菜的时候，再稍微烤热即可出菜。

（4）本菜属于日本料理的"烧物"类。烧物，就是烧烤的意思，主要是用明火或暗火来烤制食物，烤出来的食物一般带点焦香味。在日本料理中，烧物也可以按烹调原料方法的不同分为：盐烤、海胆烤、照烧、蛋黄烤、田烤、姿烧、石烧、烧鸟等。

（5）盐烤：就是根据不同季节把海鲜鱼类直接撒上盐来烧烤，菜肴出来后口味鲜美、自然。比如，盐烤秋刀鱼（图7-9）、盐焗三文鱼头等菜肴。

图7-8　天妇罗

图7-9　盐烤秋刀鱼

第二节　印度菜肴制作

一、印度菜肴特点

印度80%以上的居民信奉印度教。印度教主张食素，因此，吃素的人占印度人口一半以上，素食文化是印度饮食文化中最基本的特色之一。

在饮食结构上，北方盛产小麦，主食一般以面食为主；南方盛产稻谷，主食一般以大米为主。

印度在烹饪中，善于使用香料和香草调味，如咖喱、干辣椒、胡椒等，风味浓郁的咖喱味道，是印度菜的主要特色之一。印度菜烹调方法简单，一般是煮、烩、焖、烤、炖等。

二、印度典型菜肴制作技艺

训练一、印度咖喱羊肉

1. 原材料

羊后腿肉2000g，干辣椒100g，洋葱300g，姜蓉50g，蒜蓉50g，红椒粉30g，小茴香籽50g，青柠檬汁50mL，香叶10片，丁香4个，豆蔻10g，肉桂5条，黑椒碎5g，姜黄粉30g，香菜籽50g，孜然10g，番茄2个，番茄酱50g，羊肉汤2L，酸奶油200mL，咖喱粉30g，土豆2个，油100g，香菜200g，马萨拉咖喱酱20g，盐适量

2. 制作过程

（1）羊后腿肉洗净切块，加盐腌制。番茄去皮切块，土豆去皮切块炸熟，干辣椒洗净切段。

（2）将羊肉用油煎上色，取出备用。

（3）锅中加油烧热，放入干辣椒、洋葱、姜蓉、蒜蓉、炒香，加红椒粉、小茴香籽、青柠檬汁、香叶、小豆蔻、肉桂、黑椒碎、姜黄粉、香菜籽、马萨拉咖喱香料和咖喱粉等香料炒匀。

（4）倒入羊肉汤煮沸，放入羊肉、孜然、丁香、番茄、番茄酱，小火煮至入味。

（5）入味后，加酸干酪、土豆块略煮，加香菜即成。

3. 菜肴分析

（1）如果没有马萨拉酱可以使用咖喱酱替代。酸奶油是菜肴中提高菜肴风味的关键。

（2）羊肉选用优质的进口羊肉或是山羊肉，当然也可以用鱼肉、鸡肉代替羊肉，风味也佳。

（3）羊肉烹调时间较长，要注意火候调节汤汁的浓稠度。

（4）羊肉细嫩、鲜美；咖喱香浓醇正（图7-10）。

训练二、烤羊腿配辣椒汁

1. 原材料

羊腿3000g，孜然50g，蒜150g，芥末100g，黑胡椒25g，红葡萄酒50g，香蒜辣椒汁250g，洋葱片100g，芹菜片50g，胡萝卜片50g，红椒50g，焯水西蓝花500g，洋葱150g，盐适量

2. 制作过程

（1）羊腿去表面筋膜，用盐、孜然、蒜、芥末、黑胡椒、红酒、洋葱、胡萝卜、芹菜码味。

（2）锅内放油，炒香码味的胡萝卜、洋葱、芹菜，加香蒜辣椒汁、水熬，浓缩过滤备用。

（3）羊腿入烤炉烤熟，切片放大盘中，淋上浓缩汁，配西蓝花即可。

3. 菜肴分析

（1）羊腿的大小决定腌制的时间和盐的使用量。整理羊腿的时候，要把表面的筋膜片干净，腌制的时候要入味。可以把大量的蒜瓣塞入羊肉里面，风味更佳。

（2）羊腿一定要烤熟，烤香；香蒜辣椒汁要收浓后使用。

（3）羊肉外焦内嫩、香脆可口，香蒜辣椒汁鲜辣味浓。

（4）烤羊腿还可以作为西餐晚餐，在现场分割（图7-11）。

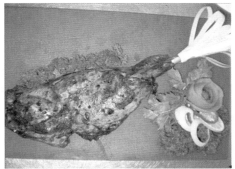

图7-10　咖喱羊肉　　　　　　　　　　图7-11　烤羊腿

训练三、印度香料米饭

1. 原材料

印度香米1000g，鸡肉500g，酸奶油300mL，蒜蓉20g，番茄酱40g，姜蓉20g，洋葱碎

200g，番茄碎100g，香菜20g，柠檬汁30mL，马萨拉咖喱酱30g，红椒粉20g，姜黄粉20g，藏红花1g，小豆蔻2g，丁香4个，肉桂1支，黑椒碎20g，孜然粉2g，鸡汤2L，盐适量

2．制作过程

（1）将鸡肉切块，煎上色备用。香米洗净，浸泡30min，沥水。

（2）锅中加油烧热，放入洋葱碎炒香，加马萨拉咖喱香料、红椒粉、丁香、姜蓉、蒜蓉、姜黄粉、孜然粉、番茄酱、番茄碎炒匀。

（3）锅中放入香米，加鸡汤、柠檬汁、酸奶油、藏红花、肉桂、小豆蔻，焖煮至米饭八成熟。

（4）把煎好的鸡肉块和米饭拌匀，加盖焖煮至米饭全熟，撒上香菜即成。

3．菜肴分析

（1）印度盛产的长香米是世界最好的大米之一。

（2）本菜使用各种香料混合搭配使用，味道十分浓厚。

（3）关键是控制米饭的成熟火候，这个方法可以适用于羊肉、海鲜等菜肴。

（4）大米颗粒分明、风味浓郁、香气扑鼻。

训练四、印度咖喱肉卷

1．原材料

羊肉1000g，孜然粉10g，红椒粉20g，柠檬汁20mL，香菜籽10g，姜蓉30g，蒜蓉30g，红咖喱酱20g，香菜30g，芥末酱20g，椰浆200g，洋葱丁2个，青椒丁2个，红椒丁2个，黄瓜丁1个，玻璃生菜1个，番茄2个，面粉150g，糯米粉50g，盐适量

2．制作过程

（1）羊肉切丁，用盐、孜然粉、红椒粉、柠檬汁、香菜籽、蒜蓉、姜蓉、芥末酱腌制半天后，入烤箱烤熟备用。

（2）红咖喱酱中加入椰浆，熬制出香味后过滤，放入烤过的羊肉。

（3）待羊肉丁熟软后，加入洋葱、青椒、红椒、黄瓜、番茄丁，稍煮即可。

（4）面粉、糯米粉加羊肉汤调和成面团，使用擀面杖擀成圆薄片，在煎锅内，烙成薄饼。

（5）薄饼夹生菜，以及烩好的羊肉即可食用。

3．菜肴分析

（1）最好使用进口的羊肉，比较容易烩软。国产的羊肉膻味大。

（2）烙饼的时候锅里不要放油，直接烙，这样更香。洋葱可以提前加入烩制，这样风味更佳。

（3）口味浓郁、营养搭配合理，风味独特（图7-12）。

图7-12　印度咖喱肉卷

第三节　印度尼西亚菜肴制作

一、印度尼西亚菜肴特点

印度尼西亚是一个多民族、多宗教的国家，世界三大宗教伊斯兰教、基督教和佛教，在这里都有较多的信奉者。印度尼西亚人大都信伊斯兰教，饮食中的肉类以牛羊肉为主。

印度尼西亚地处热带雨林，物产丰富，尤其是各种香料和热带水果。印度尼西亚人的主食以米为主，烹调方法多用煎、炸、炒、炭烤，蒸和炖较少，调味多使用姜、蒜、辣椒、胡椒、黄姜等香辛料，也常使用椰奶来制作菜肴，口味浓郁香甜。

二、印尼典型菜肴制作技艺

训练一、印尼式串烧虾

1. 原材料

大虾300g，洋葱50g，青椒50g，菠萝150g，蒜蓉10g，白蘑菇50g，黄姜粉10g，米饭100g，鸡蛋50g，葡萄干10g，咖喱粉15g

2. 制作过程

（1）大虾去泥肠、去壳、开边，撒上蒜、黄姜粉备用。

（2）洋葱、青椒、菠萝切片。

（3）串制虾串　洋葱、青椒、菠萝、大虾等反复4次，最后蘑菇做头。

（4）黄姜粉、葡萄干炒米饭，平放于盘底。另一锅放色拉油，煎黄虾串，放在米饭上即可。可搭配生菜沙拉食用。

3. 菜肴分析

（1）选料要新鲜，虾要大，最好用印泥产的老虎虾。葡萄干应使用黑葡萄干。

（2）串的串一定要紧、要平，煎的时候才易成熟、上色。大虾、蔬菜片大小尽量一致，这样煎的时候受热均匀容易成熟。

（3）菜肴特点：米饭色泽嫩黄，虾串色泽金黄，蔬菜翠绿，黄姜味清香（图7-13）。

训练二、沙爹牛肉配菠萝沙拉

1. 原材料

咖喱粉25g，牛柳500g，菠萝50g，黑葡萄干50g，芥末粉25g，马乃司少司50g，色拉油500g，蒜碎50g，花生碎50g，洋葱碎100g，番茄50g，白糖30g，沙爹酱100g，直叶生菜15g，盐适量

2. 制作过程

（1）牛柳切条，加蒜、少许沙爹酱、咖喱粉、芥末粉、白糖、洋葱、盐、胡椒、少许色拉油等码味。

（2）把牛肉串成串。

（3）用马奶司少司拌菠萝切丁、黑葡萄干，制成沙拉。

（4）直叶生菜垫底，放上煎好牛肉串，撒上花生碎，配沙爹酱、菠萝沙拉即可。

3. 菜肴分析

（1）东南亚各国都喜爱肉类串烧，可选用海鲜、羊肉、鸡肉等替代。

（2）沙爹酱印尼的口味最好，一般可以搭配辣椒粉一起使用，风味更佳。我国产的沙爹酱（也称沙茶酱），和沙爹酱相似，但有明显的广式菜肴的口味。

（3）切牛柳的时候，要横筋切。煎的时候火要大，煎上色但是别煎得太干。

（4）菜肴特点：沙爹味浓、花生香脆、色泽金黄、牛肉细嫩（图7-14）。

图7-13　印尼式串烧虾

图7-14　沙爹牛肉

训练三、印尼炒饭

1. 原材料

泰米500g，姜黄粉5g，洋葱碎20g，鸡胸80g，沙爹酱50g，大蒜碎15g，莲白菜丝30g，洋葱丝30g，虾片15g，香蕉100g，火腿30g，番茄30g，黄瓜30g，虾仁15g，青豆15g，鸡蛋150g，面粉15g，盐适量

2. 制作过程

（1）泰米煮成饭，冷后备用。鸡肉切成丝。

（2）番茄、黄瓜切片，火腿切片，香蕉用鸡蛋液、面粉炸制备用；鸡蛋一只煎成单面煎蛋备用；虾片炸好备用。

（3）锅内放色拉油，先炒香鸡胸丝、洋葱丝、莲白菜丝、青豆、虾仁，再放入米饭、少许姜黄粉，调味，炒香。

（4）炒好的米饭放入模具成型，扣在盘中间，上面放煎蛋即可。

（5）上菜前，米饭周围可配火腿、番茄、黄瓜、虾片、香蕉，以及沙爹鸡肉串、牛肉串等。

3. 菜肴分析

（1）香蕉也可替换成波萝等热带水果。

（2）姜黄粉可以和咖喱粉添加混合使用，风味更佳。姜黄粉的主要作用是颜色和风味，但是姜黄粉有一定的苦味，不能放太多，一般淡黄色的米饭就可以。

（3）菜肴特点：色泽艳丽、搭配丰富、风味独特（图7-15）。

图7-15　印尼炒饭　　　　图7-16　加多加多

训练四、印尼加多加多

1. 原材料

莲白50g，焯水的豆芽20g，生菜150g，番茄20g，黄瓜10g，分葱5g，炸豆腐20g，豆醇饼10g，炸好虾片2片，焯水的长豆角20g

辣椒酱：小红辣椒100g，糖20g，盐4g

少司酱料：炸蒜2瓣，炸花生300g，干辣椒30g，虾酱5g，黏米粉4g，椰奶1000g

2. 制作过程

（1）制作辣椒酱　辣椒用水略煮，与余下原料一起放在搅拌机内打匀。

（2）制作少司酱　花生（或花生酱），一半的椰奶、糖、盐、虾酱、干辣椒、蒜，在搅拌机内搅匀。另置锅，将混合物与另一半椰奶一起上火煮开，至少司浓缩减半，表面出油，加黏米水粉增稠，备用。

（3）在盘中放蔬菜原料，可撒炸过的分葱碎，淋上（或者单独配上）少司与辣酱，配炸好的虾片。

3. 菜肴分析

（1）随着季节不同，制作"加多加多"的蔬菜品种也会有所不同，地瓜叶、土豆、长豆角、卷心菜、米糕等也都是加多加多常用的材料。总的要求是色彩丰富。

（2）各种蔬菜按不同的要求进行加工，有的可以生吃，有的必须煮熟后放冷食用。

（3）各种蔬菜的刀工加工要协调。摆放要美观，颜色搭配要均衡，品种要多样。

（4）加多加多是一道世界闻名的菜肴，它通常由各种蔬菜组成，配以花生酱沙司，味道辛辣，风味独特。可视为典型的印尼沙拉（图7-16）。

训练五、尼斯大花虾

1. 原材料

大虾200g，番茄50g，酸青瓜25g，黑水揽15g，银鱼柳5g，蒜蓉5g，布朗汁100g，白兰

地5g，李派林急汁15g，米饭100g，黑提子50g，黄油、盐适量

2. 制作过程

（1）大虾去头、壳、沙，开边。番茄、酸青瓜、黑水揽切丝。

（2）锅内放黄油，炒香蒜蓉，加大虾，淋入白兰地，加番茄、酸青瓜、黑水揽丝、银鱼柳、李派林急汁、布朗汁、盐，略烩即可。

（3）虾放盘中。黑提子炒米饭，做配菜，放在盘边即可。

3. 菜肴分析

（1）选用16~20头的大虾，制作时掌握好虾的成熟时间，不要烩制过老。

（2）本菜是印度尼西亚的高档菜，使用高档的老虎虾来制作，虾肉细嫩。在调味上要求以酸甜味为主，风味多样但不突出单一的风味。

（3）也可使用竹签把开边的大虾串起来烹调，烹调结束后取出竹签装盘，大虾形状美观。

（4）菜肴特点：酸甜可口、蒜香酒香扑鼻、汁肥虾美（图7-17）。

图7-17　尼斯大花虾

第四节　韩国菜肴制作

一、韩国菜肴特点

韩国饮食，在口味上酸、辣、甜、苦、咸五味并列，一般以辣见长。在色泽搭配上，讲究绿、白、红、黄、黑五色，赏心悦目。此外，韩国饮食特别注重药食同原。

韩国宴席的最高级别，称为"韩定食"，是传统的"韩式宫廷料理"，沿袭了宫廷时代的饮食传统，讲究排场，一般由前菜、主食、副食、饭后点心等组成。就餐的时候，先把各式小菜摆满桌面，根据等级，有3碟、5碟、7碟、9碟、12碟的不同规格。

不过，许多韩国大众菜肴更加受到人们的喜爱，如各种韩国泡菜、石锅拌饭等。

二、韩国典型菜肴制作技艺

训练一、韩国辣白菜

1. 原材料

大白菜1棵，韩国辣椒粉150g，韩国辣酱150g，虾酱15g，粗盐50g，丁香1g，青苹果片50g，蒜苗片5g，大蒜片5g，白糖15g，柠檬1个，雪碧150g，茴香1g，八角1g，山奈1g，桂皮

1g，鱼露5g

2．制作过程

（1）大白菜清洗干净，对开后晾干水分，撒粗盐后备用。

（2）不锈钢盆内放入韩国辣椒粉、辣椒酱、虾酱、丁香、青苹果片、蒜苗片、大蒜片、茴香、八角、山柰、桂皮、鱼露等，用雪碧调和成糊备用。

（3）大白菜脱水后挤压，把调好的辣椒糊抹在白菜的每一片菜叶两面。

（4）把大白菜放入可以密封的玻璃缸内，低温窖藏3~4d后即可食用。

3．菜肴分析

（1）大白菜要选用黄梆白菜口味更佳。一定要用韩国产的辣椒来制作菜肴。苹果最好是青苹果。

（2）为缩短泡菜成熟的时间，现在采用盐腌制后脱水。使用盐脱水的工艺制作泡菜，必须把盐水挤压干净后才能制作，否则制作的菜肴会很咸。

（3）菜肴特点：白菜酸辣鲜甜、质地脆嫩爽口、色彩红润（图7–18）。

训练二、韩国烤肉

1．原材料

五花肉500g，香菇50g，直叶生菜250g，洋葱片50g，蒜片5g，青椒片15g，烤肉蘸酱50g，白芝麻1g，木鱼花1g，香菜碎1g

2．制作过程

（1）五花肉切成片，卷成卷冷冻后备用。

（2）调味碟内放烤肉蘸酱、木鱼花、白芝麻、香菜。

（3）香菇、蒜片、青椒片、洋葱片，以及切片的五花肉卷片，放在烤盘上烤熟。

（4）将清洗干净的直叶生菜，卷上五花肉和蔬菜，蘸上酱后，即可食用。

3．菜肴分析

（1）要选用正五花肉的部位。可以把五花肉做成其他形状。腌渍时，一般还要加入一些水果和洋葱，使成菜有香而不腻的感觉。用手切的口感才好吃。机器切得很好看，但是口感上与手工制作有区别。

（2）韩国烤肉，一般是顾客自助制作。

（3）韩国烤肉以烤牛肉为主，猪肉次之。韩国的烤肉中，较有特色的是雪花牛肉、猪颈肉、五花肉、烟肉等。

（4）韩国烤肉，可以不加上任何酱料，直接使用，脆嫩香甜；加上配料，风味更加丰富。配料种类很多，如有大豆酱、葱丝、青椒、蒜头、泡菜等，食客可以随自己的需要，把想吃的配菜放置到清洗干净的生菜上，包裹成条状。

（5）韩国烧烤在烤制过程中，一般不再调味，只是在食用时才用来蘸汁（图7–19）。

图7-18　韩国辣白菜

图7-19　韩国烤肉

训练三、韭菜鸡蛋饼

1. 原材料

面粉250g，鸡蛋8个，韭菜150g，韩国辣酱50g，香葱15g，大虾25g，蘑菇25g，冬笋25g，香菇25g，鲜贝25g，韩国鱼露5g，高汤25g，香菜5g，胡椒1g，色拉油350g，盐3g

2. 制作过程

（1）鸡蛋、面粉、韭菜碎、盐、胡椒、少许色拉油、鱼露、高汤、辣酱等调和成面糊。

（2）大虾、蘑菇、香菜、冬笋、香菇、鲜贝、香葱等切丁备用。

（3）平底煎锅烧热后，放大量的色拉油，再把调和好的面糊放在中央，离开火，放上各种蔬菜和海鲜丁。

（4）铺好各种蔬菜丁后，再把平底煎锅放火上，加热至金黄色，翻面后小火烘熟。

（5）取出后切成8块，配上韩国泡菜一起装盘食用。

3. 菜肴分析

（1）制作时最好选用现成的面饼粉，效果最好。

（2）韩国辣椒的口味众多，选用小伙子品牌的口感最佳。

（3）海鲜原料在烹调中很容易出水，可以先汆水后使用。

（4）鸡蛋面糊调制的时候，鸡蛋比例很大，制作的时候油一定要多。

（5）菜肴特点：色泽金黄、软糯香甜、韭菜馅鲜、海鲜味美（图7-20）。

训练四、石锅拌饭

1. 原材料

大米250g，芝麻香油5g，盐1g，韩国辣椒酱50g，香菇15g，黄豆芽15g，胡萝卜15g，香菜3g，黄瓜25g，韭菜15g，鸡蛋2个，蕨菜15g，鱼饼50g，白芝麻1g，海苔1g，辣白菜50g，肥牛肉50g

2. 制作过程

（1）大米加适量的盐、油、水煮熟备用。

（2）各种蔬菜、海鲜、肉类加工后切丝备用。

（3）石锅烧至七成热，刷芝麻香油，填入米饭。

（4）四周依次摆放上肥牛丝、香菇丝、黄瓜丝、黄豆芽、蕨菜丝、韭菜丝、辣白菜丝、胡萝卜丝、香菜丝、鱼饼，中间放一个生鸡蛋黄，撒上白芝麻、海苔丝等。

（5）配韩国辣椒酱上桌即可。

3．菜肴分析

（1）韩国辣椒酱可以用雪碧调和后使用口味更佳。食用时，最好配上韩国辣白菜。

（2）掌握好石锅的使用方法，避免石锅开裂。火候温度的把握，是石锅拌饭出现薄薄的一层锅巴的关键。

（3）菜肴摆放的时候注意色泽搭配和五行、五色的要素。

（4）菜肴色彩丰富、营养全面（图7-21）。

图7-20　韭菜鸡蛋饼

图7-21　石锅拌饭

训练五、韩国人参鸡

1．原材料

童子鸡1000g，糯米100g，黄芪10g，水1500g，高丽参20g，蒜10g，红枣8g，板栗肉25g，盐适量

2．制作过程

（1）童子鸡去除内脏与油脂，清洗干净备用。

（2）糯米淘洗干净，浸泡在水里2h左右后，放到筛子上沥去水分。

（3）黄芪清洗后，浸泡在水里2h左右。高丽参洗净后切去头部，蒜头与红枣清洗干净。

（4）锅里放入黄芪与水大火煮20min左右，沸腾时转中火续煮40min左右，用筛子过滤做成黄芪水。

（5）将糯米、高丽参、蒜头、红枣、板栗肉填入小鸡肚子里后，为防止材料外漏，须将两只鸡腿交叉绑好。

（6）锅里加入小鸡与黄芪水，大火煮20min左右，沸腾时转中火，继续煮50min左右，至汤色变成乳白色，调味即可。

3．菜肴分析

（1）选用上等的朝鲜产鲜人参。鸡最好是土鸡，肉质紧密，口感肥美。

（2）糯米不宜放太满，要留出1/5左右的空间。

（3）鸡肉可以用筷子夹着蘸盐吃，肚子里的糯米饭可以放在汤里用勺子吃。人参可不吃，因为其营养成分已经融入了汤里。

（4）菜肴特点：人参、黄芪香气浓郁，汤色雪白、肥而不腻，汤味浓郁清新（图7-22）。

训练六、香辣海鲜蛋卷

1．原材料

鸡蛋150g，清酒10g，韩国辣酱30g，冬笋丁15g，虾仁15g，鱿鱼丁15g，香菇丁15g，青椒丁15g，葱花5g，白芝麻5g，香油5g，盐和胡椒粉适量

2．制作过程

（1）鸡蛋和清酒、盐、胡椒粉调制成蛋液，取少许蛋液，淋在锅内，制作成鸡蛋网备用。

（2）锅内放色拉油，加虾仁、鱿鱼、冬笋、香菇、青椒、香葱等，放入韩国辣酱调味后，撒上白芝麻、香油，放入鸡蛋网，卷成卷即可。

（3）可用调和的韩国辣椒汁淋在旁边。

3．菜肴分析

（1）冬笋一定要多焯几次水，去除苦涩味。

（2）菜肴特点：蛋香浓郁、微辣微甜、鲜香滑嫩（图7-23）。

图7-22　韩国人参鸡　　　　图7-23　香辣海鲜卷

训练七、韩式炒年糕

1．原材料

年糕条250g，韩国辣椒酱50g，洋葱条50g，大白菜条50g，甜不辣豆腐皮条50g，白芝麻5g，香葱花15g，高汤50g

2．制作过程

（1）年糕条煮软备用。

（2）锅内放色拉油，炒香葱、洋葱、大白菜，放入韩国辣椒酱、甜不辣豆腐皮，加入年糕，用高汤调和，烩制入味即可。成菜后，表面撒上炒香的白芝麻。

3. 菜肴分析

（1）韩国产的年糕是糯米的，煮制时间很长，口感也很筋道。一般国产的年糕，大概5min就煮软了，口感不好。

（2）甜不辣豆腐皮，是风味独特的韩国原料，如果没有可以使用豆皮。

（3）为提高菜肴口味，可以适当加入韩国泡菜或雪碧来提高甜味。

（4）菜肴特点：香辣可口、筋道弹牙（图7-24）。

图7-24　韩式炒年糕

第五节　越南菜肴制作

一、越南菜肴特点

越南饮食是在中国、法国以及南洋等国家的影响下发展而来，具有鲜明的特征，菜肴色泽明快，口味酸辣微甜，多偏于清爽与本味。烹调方法以蒸、煮、烧烤、凉拌为多，热油快炒的方法比较少。油炸或烧烤菜肴多会配上新鲜生菜、薄荷菜、罗勒、小黄瓜等。烹调时，使用鱼露、葱油、炸干葱和花生碎粒，是越南菜调味的主要特色。

二、越南典型菜肴制作技艺

训练一、越南春卷

1. 原材料

春卷米纸12张，猪肉碎50g，香菇20g，虾仁20g，粉丝20g，木耳20g，胡萝卜丝15g，香油5g，油500g，盐、胡椒粉适量

2. 制作过程

（1）猪肉切细丝，用盐，胡椒粉调味。木耳浸泡后切细丝。香蘑切丝。粉丝浸水20min后，剪成4cm长，虾仁切碎。

（2）锅内放油，炒香猪肉丝，加木耳，胡萝卜，蘑菇，虾肉，调味后取出，加粉丝拌匀，冷却。

（3）操作台上放湿布，春卷皮浸热开水后，铺在湿布上，加入馅料，卷成宽约3cm、长约7cm的卷，用鸡蛋液，少许面粉封边。

（4）入热油锅，炸至金黄浮面成熟，即可。

3. 菜肴分析

（1）越南的春卷皮用糯米制成，薄如蝉翼，洁白透明。春卷可以炸完后食用，也可蒸一下直接食用。

（2）包春卷的时候把米皮蘸上热水，放置15s即软。炸春卷的时候要注意，品质差的春卷皮会鼓包、爆裂。

（3）越南春卷是越南的民间小食。吃的时候，把春卷放在生菜叶里，再放上一两片薄荷叶，卷起来之后蘸上柠檬鱼露调料吃（图7-25）。

训练二、越南甘蔗虾

1. 原材料

基围虾400g，糖2g，胡椒粉2g，鱼露3g，鸡蛋1个，蒜2瓣，分葱碎4g，猪肥膘肉5g，甘蔗小条300g，淀粉5g，盐2g，胡椒粉2g，油500g

2. 制作过程

（1）虾去壳搅成虾泥，加入盐、猪肥膘泥、鸡蛋、分葱碎、胡椒粉、鱼露、糖、淀粉、蒜泥搅拌均匀，放置备用。

（2）手上蘸少许油，虾泥在两手间反复摔打，直到表面光滑。用手将虾泥裹上甘蔗段，每段头尾要留出2cm。形状如同梨型，依序做好备用。冷藏定型。

（3）入热油中，炸至金黄到成熟，装盘。

3. 菜肴分析

（1）甘蔗选用短筒的脆甘蔗，去皮后细嫩化渣口感好。

（2）也可以使用越南的红辣椒面包糠来裹制后制作。

（3）关键是虾泥的稠度，太稀不易成型，大小均匀一致，包裹要紧，油温不宜太高。

（4）菜肴特点：虾肉细嫩、甘蔗香甜、酥脆爽口（图7-26）。

图7-25　越南春卷　　　　　　　　图7-26　越南甘蔗虾

训练三、炸软壳蟹

1. 原材料

软壳蟹2只，红椒碎15g，蒜碎2g，黑胡椒碎1g，油600g，天妇罗粉100g，鱼露10g，柠檬1个，炸干葱5g，花生碎5g

2. 制作过程

（1）软壳蟹解冻后，除去两边的鳃，分割成4块，撒上黑胡椒碎、大蒜备用。

（2）天妇罗粉用水调和成糊备用。

（3）色拉油烧至八成热时，软壳蟹蘸上面糊入油锅炸熟即可。

（4）柠檬对开，一半做成汁盅型。另一半挤出柠檬汁和鱼露、干葱碎、花生碎、红椒碎、蒜碎调和成蘸汁。两种汁跟碟上桌即可。

3. 菜肴分析

（1）螃蟹的一生中要脱很多次壳。所有的螃蟹都会在某个时候成为软壳蟹，而真正又美味又好吃的软壳蟹唯有"蓝蟹"，特别是越南湾海域产的。

（2）一般是用面粉调制面糊，但是近年来大都使用日本天妇罗粉，简单方便，口感酥脆。

（3）炸蟹的时候一定要先解冻，充分让水分流出，避免炸的时候油和水溅出。

（4）也可以使用泰国鸡酱来做少司，适宜佐酒。

（5）菜肴特点：酥脆鲜美、蟹肥膏美、佐酒佳肴（图7-27）。

图7-27　炸软壳蟹

图7-28　咖喱河粉

训练四、咖喱河粉

1. 原材料

河粉150g，牛腩100g，洋葱片15g，西芹片15g，香叶1片，薄荷2g，小尖青椒片15g，豆芽15g，姜1g，香葱1g，鱼露10g，柠檬角50g，咖喱粉10g，咖喱酱5g，高汤1000g，金不换叶1g，盐和胡椒粉适量

2. 制作过程

（1）高汤、姜片、香叶、洋葱、西芹、香葱、鱼露、咖喱酱、咖喱粉煮制牛腩4h后，取出牛腩切片备用。原汤过滤后备用。

（2）锅内烧开水，氽一下河粉即可。

（3）烧开原汤，盐和胡椒粉调味后倒入大碗。再倒入河粉。

（4）把切成片的牛腩整齐地摆放在河粉上，放上生豆芽、小尖青椒片、薄荷叶、金不换叶、柠檬角即可。

3. 菜肴分析

（1）河粉有鲜河粉和干河粉两种，使用方法有一定的区别。

（2）金不换，是甜罗勒的一种，越南人称为金不换。热带地区的人们在食用咖喱的时候容易上火，吃薄荷和金不换能起到清热解暑的作用。

（3）原汤一定要滚烫，豆芽等蔬菜才会成熟。牛腩要煮4~5h口感才好。

（4）菜肴特点：咖喱味香、汤清肉嫩、河粉软糯、清新爽口（图7-28）。

第六节　泰国菜肴制作

一、泰国菜肴特点

泰国菜肴以鲜、酸、辣、辛、香、甜为调味特色，以酸、辣味最具特色。泰菜中酸味，主要来源于植物原料，如卡菲柠檬、柠檬、柠檬草（香茅）、柠檬叶等。卡菲柠檬，又称泰国柠檬，是纯正泰国风味代表调料之一。它外表浓绿形似柠檬，个头比柠檬小得多，但酸度和香味却极为浓郁，是烹调泰菜不能缺少的重要调料。泰国菜所用的辣椒种类繁多，各种新鲜红辣椒、青辣椒、袖珍辣椒以及辣椒干、辣椒粉、辣椒酱等。

除了具有重酸重辣的特色外，泰国菜的另一个特色是甜。泰国菜中的甜味调料，以椰子糖和椰奶为代表。

二、泰国典型菜肴制作技艺

训练一、冬阴功汤

1. 原材料

鲜大虾500g，鲜草菇250g，洋葱50g，红葱40g，香茅片3根，南姜50g，蒜蓉20g，泰国红辣椒6个，鱼高汤1.5L，青柠檬皮2g，虾酱30g，柠檬叶1片，香叶1片，樱桃番茄50g，冬阴功辣椒酱30g，鱼露20g，椰糖20g，椰浆50mL，青柠汁30g，香菜50g

2. 制作过程

（1）大虾、草菇洗净；洋葱和红葱切片。

（2）将洋葱、红葱、香茅、南姜、大蒜、泰国红辣椒用油炒香。

（3）倒入鱼高汤煮沸，放入草菇、青柠檬皮、虾酱、柠檬叶、香叶、樱桃番茄煮出味。

（4）加入冬阴功辣椒酱、鱼露、糖搅匀，放入大虾煮熟。

（5）离火加椰浆、青柠汁调味。

（6）装盘后汤面撒上香菜即可。

3. 菜肴分析

（1）大虾可以去壳，用青柠汁调节酸味，鱼露调节咸味，少用盐。南姜如买不到可用普通鲜姜代替。

（2）大虾的虾头和壳里含有大量的虾油，是菜肴中必要的原料。因此制作的时候可以和其他原料一起煮制，熬出虾油、虾膏。

（3）冬阴功汤，是泰国家喻户晓的一款汤菜，被喻为泰国的国菜，更被誉为泰国的"国汤"，也是世界十大名汤之一。其中，"冬阴"是指酸辣，而"功"是指虾，直译就是酸辣虾汤。

（4）菜肴特点：酸辣鲜咸、清新爽口、虾味浓郁（图7-29）。

图7-29　冬阴功汤

训练二、泰式菠萝饭

1. 原材料

菠萝1 000g，泰米250g，鸡蛋50g，蚝油5g，青椒丁10g，红椒丁10g，腰果碎25g，火腿丁15g，香菜5g，洋葱丁10g，虾仁10g，葡萄干5g，泰式红咖喱15g，青豆5g，鱼露2g，咖喱粉10g

2. 制作过程

（1）将菠萝切开，取菠萝肉，用淡盐水浸泡后切丁。

（2）鸡蛋加蚝油调散，虾去壳取虾仁，加红咖喱腌味。

（3）锅内倒入鸡蛋炒散，放入青豆、红椒、洋葱、火腿、虾仁、青椒等炒匀。

（4）放入白米饭、菠萝丁和葡萄干，加酱油、鱼露、咖喱粉炒香。

（5）盛入菠萝盅里，撒上洋葱、香菜和腰果碎，即成。

3. 菜肴分析

（1）选用蜜菠萝，取出的菠萝肉也炒在米饭中。腰果要先炒香、炒熟。

（2）泰米煮好后即可使用，炒好的米饭在菠萝壳里焖一下风味更佳。

（3）菠萝食用前要用盐水浸泡，可抑制菠萝中蛋白酶的活性，防止食后产生过敏反应。

（4）菜肴特点：装盘别致、米饭风味独特、鲜香味美（图7-30）。

图7-30　泰式菠萝饭

训练三、泰式咖喱螃蟹

1. 原材料

梭子蟹1200g，红葱50g，南姜20g，蒜蓉20g，泰国红辣椒20g，青柠檬皮10g，香茅片20g，蚝油30g，黄咖喱100g，椰浆250g，辣椒酱10g，虾酱10g，鱼露30g，柠檬叶2片，鸡蛋50g，糖、高汤适量

2. 制作过程

（1）将螃蟹宰洗干净，除去外壳，切成块。

（2）锅中放入红葱、蒜、南姜、泰国红辣椒、柠檬皮和香茅片炒香，加入咖喱粉和蟹块炒匀。

（3）倒入椰浆和高汤煮沸，加蚝油、糖、辣椒酱、虾酱、鱼露、柠檬叶煮出味，加入鸡蛋液后收汁后搅匀。

（4）装盘配白米饭，撒香菜即成。

3. 菜肴分析

（1）如果没有梭子蟹，可以用大青蟹、肉蟹来替代。黄咖喱也可以使用泰式红咖喱，风味也十分特别。

（2）注意蟹肉不要炒制过老，需保持口感鲜美。

（3）加入蛋液的时候要注意温度的控制，不要太高，鸡蛋液在锅中成豆花状即可。

（4）菜肴特点：蟹肉鲜美、微辣开胃、咖喱香浓、色彩亮丽（图7-31）。

训练四、马蹄椰奶羹

1. 原材料

马蹄100g，木薯粉50g，椰糖80g，石榴浆50mL，椰奶100mL，盐、水适量

2. 制作过程

（1）将马蹄去皮，切块煮软。

（2）将煮软的马蹄泡在石榴糖浆中上色。

（3）将上色的马蹄裹上木薯粉放入椰奶中煮，加适量的水、盐、椰糖。

（4）将煮好的马蹄装盘，最后放入适量的冰块。

3. 菜肴分析

（1）椰糖，也叫椰树糖，是泰国菜肴中常用的增甜食材。马蹄也可用其他水果来替代，比如蜜瓜、菠萝。

（2）煮制马蹄的时候可以适量的添加白糖，增加马蹄的甜味。

（3）最好把煮好的椰奶马蹄羹，先冰镇，再添加冰块。

（4）菜肴特点：椰香浓郁、马蹄甜软、咸甜适中（图7-32）。

图7-31　泰式咖喱螃蟹　　　　　图7-32　马蹄椰奶羹

训练五、三色椰奶羹

1．原材料

芋头100g，南瓜100g，糯米粉150g，紫薯100g，椰奶400g，香兰叶、盐适量

2．制作过程

（1）先将芋头、南瓜、紫薯块蒸软，再分别打成泥。

（2）将芋头、南瓜、紫薯泥分别加糯米粉搓揉至不粘手，最后搓成小圆球。

（3）将搓圆的芋头、南瓜、紫薯球放入椰奶中煮熟，放入糖、香兰叶、少许盐。煮熟装盘即可。

3．菜肴分析

（1）选用荔浦芋头、老南瓜、甜紫薯口感最好。椰奶最好是泰国产的椰奶，香甜浓郁。

（2）刚蒸好的芋头、紫薯、南瓜先放凉，再压成泥。这样制作水分含量低，口感好。

（3）三色泥用糯米粉揉搓至不粘手，才能制作小圆球。

（4）菜肴特点：色彩口味丰富、鲜甜软糯、甜中带咸（图7-33）。

图7-33　三色椰奶羹　　　　　图7-34　泰式粉丝沙拉

训练六、泰式粉丝沙拉

1．原材料

粉丝100g，熟猪肉碎80g，鱼露50g，柠檬汁40g，椰糖20g，蒜水25g，红椒20g，葱花5g，洋葱碎15g，小番茄角5g，熟大虾50g，香菜3g，芹菜碎3g

2. 制作过程

（1）粉丝煮熟，冲凉水备用。

（2）红椒、糖、柠檬汁、鱼露、大蒜水等，捣成调料蓉备用。

（3）在粉丝里放入炒好的猪肉碎、虾肉、葱、芹菜、香菜、洋葱、小番茄和捣好的调料蓉，搅拌均匀即可装盘成菜。

3. 菜肴分析

（1）粉丝可以提前冷水浸泡，软硬适度。

（2）掌握米粉丝的不同品牌的质地，才能很好地掌握发好的米粉丝的软硬程度。

（3）菜肴特点：酸辣鲜香、开胃爽口、色彩丰富、鱼露鲜美（图7-34）。

思考题

1．了解亚洲各国的饮食特点。

2．熟练掌握亚洲主要国家的经典菜肴制作工艺。

课外阅读

中西餐饮文化比较

"文化"一词，含义十分广泛而复杂，全世界学者给它的定义有数百种之多。但总的来说，无论人们对文化的论述有多少不同，但其基本意义大致统一，即文化是由人所创造、为人所特有的东西，是人类在适应和改造自然的过程中，发挥主观能动性创造出的财富和成果。

餐饮文化，是人类文化的重要组成部分，是人类在长期的饮食生产与消费过程中，所创造并积累的物质财富和精神财富的总称。从广义上讲，餐饮文化，也包含饮食制作技艺、服务技艺以及餐饮管理等。此处的中西饮食文化比较，则主要集中在中西餐饮的著述、饮食思想等方面。

一、中西餐饮著述比较

餐饮著述，主要指专门记载和论述餐饮的著作。从大类上分，它包括餐饮管理著述、烹饪著述以及餐饮服务著述等。本文主要就中西烹饪典籍的差异进行比较。

从古至今，数千年来，中国与西方各国在饮食实践中，各自积累了许多内容丰富的烹饪典籍。虽然这些著述数量众多，很难准确统计和一一阅读，但从烹饪典籍作者以及内容特点等方面，仍可以发现中西烹饪典籍至少有两个明显差异：

（一）中餐早期著述的作者多是文人学士，而西餐则多是厨师

中国的烹饪典籍，大多由文人学士撰写，极少出自厨师之手。尤其以烹饪技术类书籍最为突出。

目前可知的、较早的食谱，是晋代何曾的《安平公食单》以及唐代韦巨源的《烧尾食单》，明代王志坚《表异录》载，"何曾的《安平公食单》，韦巨源的《烧尾食单》"。何曾是

晋武帝时的太尉，封安平公，性豪奢，尤其喜欢饮食，因此写有食谱。唐代韦巨源在晋升为尚书令时，向唐中宗献上"烧尾食单"，也写下了食谱。虽然两者早已亡佚，但部分内容被《清异录》转载下来，其中，记载了一些菜肴的用料和制作方法。宋代至清代，食谱不断增多，如宋代林洪的《山家轻供》、元代倪赞的《云林堂饮食制度集》、清代顾仲的《养下录》、清代薛宝辰的《素食说略》。这些典籍，也都出自文人学士之笔，比较详细地介绍了从宋代到清代各种菜肴、点心的制作方法。

除了菜谱外，古代影响广泛的总结中国烹饪技术理论的书籍——《随园食单》，也出自清代著名文学家袁枚之手。

这种文人编撰烹饪技术书籍的现象，到了近代，尤其是现代，情况才有了改变。现代的中餐厨师，开始提起手中的笔，总结和记述他们自己的实践经验，并出版了众多的烹饪书籍。

与中国相比，西方早期的烹饪技术著述，却大多出自厨师之手。早在14世纪末，法国国王查理五世的首席厨师——泰勒文（Taillevent）就口授了一本名为《食品》的烹调书籍，该书介绍和总结了当时菜肴以及面包等的制法，是法国中世纪烹饪技术的结晶。而后的1660年，英国的职业厨师Robert May，撰写出版了《完美烹饪》（The Accomplisht Cook）一书，介绍了他精心创造和制作的精美菜肴。到了19世纪以后，西方烹饪的著述日益增多，令人目不暇接。其中，以法国厨师为最。法国的御用厨师Antonin Careme（1783—1833），厨艺高超，并勤于笔耕，一生中撰写了大量烹饪书籍，包括《创意的糕点师傅》《法国大饭店老板》《巴黎皇家糕点师傅》《19世纪的烹饪艺术》等具有划时代意义的著作，成为法国古典烹饪的领袖人物。Auguste Escoffier（1847—1935），作为又一位法国烹饪的领军人物，在继承了Taillevent、Antonin Careme的基础上，继续在烹饪上开拓和创新，开创19—20世纪法国烹饪的新时代，同时，也为后人留下了《烹饪指南》《美食家的笔记本》《食谱》《鳕鱼》《我的料理》等众多经典的烹饪书籍。

而西方烹饪技术理论方面的书籍，也大多由厨师完成。比如1390年英国国王查理二世的高级厨师们写下的《烹饪技术要素》，法国国王亨利四世拉瓦伦出版的《法国厨师》等。

烹饪典籍作者上的差异，反映出中西方厨师的社会地位和文化修养的不同。在中国漫长的历史发展中，尤其是封建社会，将人分成脑力劳动者和体力劳动者，前者是君子，后者是小人，在"万般皆下品，唯有读书高"的社会风气中，各种技术，被称为雕虫小技、奇技淫巧，从事技术操作的厨师的社会地位极为低下。因此，在中国历史上，厨师大多数是因为生活所迫，才会从事这个职业，许多人几乎不识字，菜肴的制作和烹饪技术，主要靠口授心传和自身的领悟来代代相传，也就无法撰写成文字，将自己的心得与经验流传后世。而文人学士，或者因为自身的兴趣爱好，或者是仕途失意的消遣，有意与无意中，承担起了搜集、记述烹饪的工作。

西方的情况则与中国不同。据史料记载，在2000多年前的古罗马时期，从事烹饪技术的厨师并不是奴隶，而是拥有一定社会地位的人。一位名叫安东尼的名厨，甚至因技术高超而得到一座城池的赏赐。更让人惊奇的是，在哈德连皇帝时期，罗马帝国甚至在帕兰丁山建立了一所厨师学校，以发展烹调技艺。在这种与中国不同的良好社会风气之中，从事烹饪技艺，不仅仅不是下等人的事，那些技术精湛的厨师还被人们拥戴和赞美。因此，许多西方的厨师或多或少接受过教育，能够读书写字，而一些著名的厨师更是具有比较高的文化与艺术修养。至今，几乎所有的法国名厨，都出版过一本或多本烹饪书籍。

（二）西餐的烹饪著述既重菜点制作记述也重烹饪理论总结

从中国烹饪典籍的内容上分析，大部分的书籍，着重于菜肴制作的直接记录、归纳和整理，而较少进行科学而系统的提炼、分析和总结。因此，从清代以前流传至今的烹饪技术书籍中，鲜见有将具体的烹饪技术，上升到理论高度的记载。直到清代中叶，袁枚在总结前人和当时人烹饪经验的基础上，比较系统地阐述了烹饪技术的理论问题，写出了理论与实践相结合的《随园食单》。

而由古罗马、古希腊文化发展而来的西方文化，非常注重分析思维，在探讨事物时，对该事物的组成部分，进行着细致而严密的思考，从而推导出一定的规律。受此影响，在餐饮方面，对于烹饪技术，西方厨师不仅注重直接的记录、归纳和整理，而且注重提炼和升华，总结烹饪技术中的要领和规律。

少司，是西餐中的调味汁，西餐菜肴的最终味道，绝大部分取决于少司的味道。由此，少司的制作，成为西餐调味，乃至烹饪的关键。一个国家烹调水平的高低，与少司的种类多少有密切关系。法国菜之所以被称为西方烹饪之冠，一个重要原因，在于它善于制作少司，法国少司不仅种类最多，而且味道丰富、颜色多样，因此法国菜肴才会如此丰富多彩。

法国烹饪之所以能够制作和演变出如此众多的少司，并被其他西方国家所学习和效仿，与19世纪法国御用厨师Antonin Careme的贡献密不可分。作为当时最著名的厨师，Antonin Careme不仅技术高超，而且对在菜肴烹调中，起关键作用的少司，十分重视。在他之前，少司众多而杂乱无章，相互之间毫无关系，厨师对少司的技术掌握起来十分困难。针对这种情况，Antonin Careme潜心研究，最先对少司进行了分析和总结，他将少司分成了基础少司和变化少司，并将每种基础少司的特点、制作方法进行分类和整理。他同时指出了变化少司与基础少司的关系，如同母子，基础少司是西餐调味的基础和根本，变化少司则是在基础少司之上，通过增调味原料等方法，制作而成。在Antonin Careme对西餐众多少司进行科学的梳理和总结以后，原本杂乱无章的少司，变得脉络清晰。

少司被这样梳理以后，具有三个明显的益处：一是突出和确定了基础少司的地位；二是调味者在了解少司之间的关联后，更加容易掌握少司的制作；三是为创新新少司，提供了方向和思路。现在，在许多教学用烹饪技术书籍中，少司的分类和变化，依然按照Antonin Careme梳理的体系。

两百多年来，法国以及其他国家的厨师，依照Antonin Careme对少司技术的总结和分类，不仅很容易掌握基础少司的制作方法与原理，并此基础上，根据时代的要求以及厨师本人的理解，不断创新和发展出了众多具有时代特征的新的调味汁。目前，西餐中的调味汁——少司，成为西餐烹调中，最活跃、最具有生命力的元素和技术。而这些，无疑与Antonin Careme这位伟大厨师的贡献分不开。这也是Antonin Careme被称为"国王的厨师，厨师中的国王"，数百年来一直受到西方饮食界的尊重与崇拜的原因。

二、中西餐饮食思想比较

中国人的思想意识，十分注重强调群体和社会意识。个人利益应当服从社会整体利益，只有整个社会得到发展，个大才能得到最大利益。在集体中一人取得成就被视为集体的成就，集体感到光荣，而集体的成就也是每个人的光荣。

与中国人不同，西方人以自我为中心，重个人、重竞争。西方人的价值观认为，个人是人类社会的基点。每个人的生存方式及生存质量都取决于自己的能力，有个人才有社会整体，个人高于社会整体。

这些迥然不同的思想，存在中国与西方生产和生活的各个方面，而在饮食中，这样的思想和思维方式，在中餐中表现为强调"调和"，而在西餐中则更加关注个性与独立。这种思想至少具体表现在以下两个方面：

（一）菜肴的烹调过程

中西饮食，用相同的原料，却做出了不同的菜肴。这种差异，表现在制作的过程中。

举例来说明。同样使用牛肉、土豆以及一些调味品制作菜肴，中餐往往会做成土豆烧牛肉之类的菜肴，而西餐则演绎成为牛扒与土豆条。这两个从原料上差异不大的菜肴，却从本质上反映出中西双方内在的饮食思想的不同。

土豆烧牛肉，制作的目的是使土豆、牛肉以及调味品，在烹调的过程中，能够相互融合，达到"你中有我，我中有你"的完美境界。换句话说，也就是通过烹调加热的过程，使土豆有牛肉味道，牛肉有土豆味道，土豆与牛肉还要有调料的味道。通过这个融合的过程后，几种原料既分彼此，又不分彼此，既不完全突出什么，也完全不对立什么，主、辅、调料和谐地融于一盘。如同一首诗所形容的境界："捏出一个你，捏出一个我，把你我都打碎，揉成一个团，再捏出一个你，再捏出一个我，我中也有你，你中也有我"。

这种烹调思想，如果要浓缩为一个字，就是"和"。这个"和"（调和）字，即是中国饮食文化思想的精髓。

"中者天下之终始也，和者天地之所生成也"，"中和"一直是中国传统文化所追求的至上准则，这个准则不仅存在饮食中，也贯穿政治、经济、文化、艺术等各个领域。传统观念上，政治上要求"思想一统、政权一统、经济一统"，强调"天下大同"；在道德修养上，讲究"君子和而不同"；在人际交往上，鼓励"一团和气"。这一准则表现在烹调上，就是我们提倡的"五味调和"。

因此，总的来讲，中国烹饪在传统上，讲究的是烹与调的统一，强调的是相互之间的融合与促进，在烹与调的统一中，矛盾在消融，对立在消解，最终主料、辅料、调料之间呈现一种融合之美。

与中餐不同，西餐在烹调中，强调独立与个性。同样是用的牛肉、土豆和调味品制作的菜肴，西餐的做法与中餐就大不相同。

首先，与中餐中牛肉与土豆形状形似、大小相当的刀工处理不同，西餐中牛肉一般是200~250g/块，土豆则被切成7~8cm长、0.71cm见方的条。这种主料与配料的不对称比例，主要的目的就是为了突出主料。

其次，在制作中牛肉是单独制作的。牛肉在用盐、胡椒粉等简单调味后，或者放在扒炉上，或者放在煎锅中，加热到需要的成熟度。在对土豆进行加热处理时，西餐选择了与主料不同的烹调方法——炸，将土豆放在炸炉中炸至需要的标准。这种主料与配料采取不同烹调方法制作菜肴的方式，在西餐菜肴的制作中，是比较普遍的。它反映出西餐饮食思想中的独立特性的一面。

最后，菜肴的调味，则来源于调味汁——少司。少司的制作，如前所述，在西餐的烹调中，也是独立完成的。

综上分析，一道西餐的制作，基本有三个步骤——主料制作、配料制作、调料制作，这三个步骤，各自独立完成。

西餐的菜肴，主料、配料、少司在盘中，虽然共同构成一个整体的图案，又拥有各自独立的空间和个性。

因此，从本质上看，中西菜肴的不同之中，包含着其后饮食思想的巨大差异，中餐强调和推崇调味，而西餐张扬个性与独立。

（二）餐饮的服务方式

中国的传统文化强调的是"和"，在审美观念与思维方式上的表现，一是中庸，二是和谐，三是圆满，它着重强调矛盾的融合、消化与分解。

因此，在餐桌以及就餐方式等方面，中国人在潜意识中，就选择了与他们审美与思维一致的餐桌形态——"圆形"，表现和谐的就餐方式——"聚餐"，以及表示圆满的人数——"十"。

圆桌比长方形桌子更能体现融合与和谐之美。在圆桌的布置上，中餐以圆桌的中心为焦点，无论是菜肴还是餐具的摆放，甚至是就餐的人群，一层一层都围绕在这个中心的周围。这时，大家团圆而坐，欢乐祥和，伸出筷子，共享桌上的每一道菜肴，形成了圆融聚拢而不是分散独立的就餐气氛，体现了对个人与个性的消解。这样的就餐方式，必然形成与其相适应的服务方式，如同前文所述，中餐采取了"聚餐式服务"——一个服务人员，为同一桌就餐者，摆放相同的就餐工具、服务相同的菜肴。

与中国不同的是，西方的审美观念与思维方式，强调的是美的对立特质，强调的是思维的独立性。

因此，西方人选择了长方桌。在点菜时，根据个人爱好为自己点菜。而进餐时，大家则各据一方，刀叉的活动范围仅仅限于自己面前，不会有中餐那种众人共享一盘菜，甚至你给我加菜，我给你加菜的热烈情形。而与这种就餐方式相对应的西餐服务，也就形成了与中餐完全不同的方式——"分餐式服务"，服务人员，尊重每一位顾客的需求，根据不同顾客的要求，摆放不同的餐具、服务不同的菜肴。与中餐的服务方式中充满浓郁的人情味相比，西餐更加肯定个人与个性，多了一份理性与沉静。

无论是菜肴的制作过程，还是服务方式，中西餐饮在形式上的不同，蕴含着思想与文化背景的差异。

西餐装盘与装饰

学习内容

第一节　西餐装盘与装饰的特点

西餐装盘与装饰技术，是将已经烹制好的西餐菜点，运用一定的美学手法，盛装到盛器中并加以装饰的技术。

西餐装盘与装饰，是西餐制作成菜的最后一道工序。通过艺术美化后装盘的西餐菜点，增强了美食的艺术感受，在上菜后，能给食客带来更加愉悦、美观的感觉，有利于促进食欲，活跃进餐气氛，从而进一步提高人们的就餐享受。

目前，常见的西餐装盘与装饰技术，主要应用在西餐菜肴的盘饰美化和西餐自助餐台的装饰上。本章主要讲解西餐菜肴的盘饰美化技术，其主要特点如下。

一、干净卫生、装盘讲究

西餐菜肴在制作和装盘时，都严格遵守卫生标准，且有一系列的规范和原则来保证食品的消毒、杀菌等卫生制度。主要表现在：

（1）生、熟原料的刀具、菜板和盛器等，要分开使用，严格控制病从口入和原料间的交叉污染。

（2）冷盘装盘时，操作人员要戴口罩、使用工具（如食品夹、分菜刀、分菜叉和一次性消毒手套等）。

（3）所有加工好的冷菜或冷少司，均应密封后，置于冷藏柜中冷藏备用，以免变质。

（4）所有热菜类主菜菜肴的盛器，必须清洗干净，在出菜前置于保温柜中加热保温（约50℃）备用，以保证热的主菜菜肴装盘时，风味不会因为温度降低而损失。

（5）菜肴都应该装在盘中，不可将少司或者汤汁溅在盘的周边，若盘边有汤汁，应用消毒纸巾擦拭干净。

二、主辅料分明，色彩丰富，成菜美观、精致，讲究立体造型

西餐装盘与装饰技术，是美化菜肴，追求"美食"的一种造型艺术。与中餐相比，它在菜肴的装饰、美化和应用的方法上完全不同。

首先，西餐的摆盘，强调菜肴中原料的主次关系，主料与配料层次分明、和谐统一；其次，西餐着重于将已经烹制好的菜肴原料，以各种几何、立体的图案，设计造型于盘中，追求简洁明快的装盘效果。通常，这种美观的装饰造型，一般没有具体的含义和寓意（如中餐常用的用松鹤造型表达长寿，用牡丹造型表明富贵等），更少有具象性的形式（比如中餐常用的拼摆成熊猫、灯笼等仿真形式），主要以视觉上愉悦食客为目的。西方菜肴的盘饰，多用天然、可食的花草，以体现自然之美。西餐强调，放在菜盘中的装饰原料和菜肴，不仅可以用来欣赏，还要具有可食用性。传统中餐（图8-1），很多菜肴装饰、雕刻作品，主要是供欣赏和美化的，并不一定强调可食性，人们在进餐时，也很少把用作装饰的食品雕刻花卉、人物等作为食物食用，而西餐的菜肴装饰，则要求厨师，不仅要考虑装饰图案的美观，还要考虑装饰成品的口味和可食性。

图8-1　中餐的形象造型

三、注重菜肴自身色、形的美观和搭配

西餐菜肴装盘时，通常运用丰富多样的原料，利用原料间特有的色彩和形状，进行适当的组合和搭配，使菜肴的成菜色彩鲜艳、形态美观。例如，香草油醋汁（用什锦香草切碎，加入油醋汁中拌匀制成），具有色彩翠绿、香味浓厚、咸酸开胃、适口宜人的特点。在为菜肴调味汁的同时，厨师常常也在盘中进行不同形式的图案造型，对菜肴起到视觉上的美化作用。

四、装盘分量适中、精巧细致

西餐菜肴装盘采用的分餐制，每一份菜肴只供一位顾客食用，更符合营养卫生的现代健康饮食理念和趋势。为了及时了解菜肴的分量、口味与装盘，是否符合食客的要求，西餐餐厅的主厨，常常会走出厨房，到前厅和客人交流探讨，征询客人对菜品质量的要求和满意度。若发现某份菜肴剩得较多，厨师会了解是因为菜肴口味、分量还是客人习惯等造成的，然后调整菜品，以保证出菜的成品质量和数量，避免浪费。

第二节　西餐装盘与装饰技术的类型

大部分西餐的菜肴，通常是由配菜、主料和少司三部分组成，因此，西餐装盘与装饰技术，大体可以分为以下几种类型：

一、配菜的装盘与装饰技术

西餐菜肴的配菜，是指菜肴中，相对于肉类主料以外的其他原料，有搭配口味、辅助装饰造型、完善菜肴营养成分等作用。它主要由各种蔬菜、水果或米面等为原料制作而成。

西餐菜肴的配菜选料多样，搭配灵活。由于西餐菜肴的主料、配料和少司等，通常都是经过单独烹调后，再分别装在盘中组合，相互配合又独立存在，因此，即使是同一道菜肴，它的配菜也可以根据厨师或顾客的要求，或者根据季节等，进行变化，组合成各种不同的菜肴装盘形式，其装饰技艺也就更加灵活多变，也更容易发挥厨师的创造性，对于同一种菜肴，可以做出各种不同的新意来。例如"黑胡椒牛扒"这道经典菜肴，既可以配法式炸薯条做配菜装饰，也可以用黄油煎薯片或者其他的时鲜蔬菜做配菜装饰，搭配灵活，创意无限。

二、主料的装盘与装饰技术

西餐菜肴中的主料装饰技术，主要是对一道菜肴的主要原料（一般指含蛋白质比较多的原料），进行造型的方法和技术，常见的技法包括制作成各种形态美观的肉卷、肉批、肉冻、慕斯等造型，技术工艺精巧，既实用又美观。

三、少司的装盘与装饰技术

西餐少司，具有不同的色彩和形态，在应用中，不仅是菜肴的辅助调味汁，还是菜肴装饰的一个不可或缺的重要组成部分。西餐厨师常常将各种颜色鲜艳的调味少司，在盘中制作成各种美丽的造型图案，以达到美化、装饰菜肴的作用（图8-2）。

图8-2 西餐少司装盘与装饰

四、西餐自助餐——Buffet的展台菜肴装饰技术

在常见的西餐自助餐台Buffet中，也常用各种各样的菜肴装饰技艺，如常见的水果装饰塔、装饰大蛋糕、泡芙塔、烟熏火腿塔、束法鸡、各种肉类拼摆的镜盘等，花样繁多。

五、西餐的雕塑装饰技术

西餐中同样有类似于中餐的食品雕刻技术，但是更准确地讲，应该称为食品雕塑工艺。如：泡沫雕塑、巧克力雕塑、面粉雕塑、黄油雕塑、冰雕、糖花塑形等。这些西式雕塑工艺，从技术上讲，与中餐食品雕刻中常用的取、挖等手法不同，更多的是使用塑形技术，多采用粘、贴等手法。

随着国际交流的快速发展，现代西餐的雕塑手法很大程度上已经开始和中餐的雕刻手法有机融合了。这两者都属于美学造型工艺的范畴，要求从事人员具有更多、更高的美学素养和美学造型技能。现在的西餐雕塑工艺或中餐雕刻技艺，更多地和现代工艺美术造型相结合，有志于这方面发展的厨师，可以从美术工艺方面入手学习，更快达到最佳的境界。

第三节 西餐装盘与装饰的色彩与图案基础知识

一、西餐装饰的色彩基础知识

色彩，是由于光的作用而产生的，各种物体由于吸收和反映光量的程度不同，因而呈现出不同的、复杂的色彩现象，这样便产生了不同的色彩。

通常，光是由七色光谱所组成，即赤、橙、黄、绿、青、蓝、紫，这七种色光上是自然界最基本的颜色，通常称作标准色，色光反映在物体上，被物体吸收，并反射出剩余部分，这就形成了人们肉眼所见的色彩，如橙色的橘子，是吸收了赤、黄、绿、青、蓝、紫色，只剩下橙色显现出来，因此在我们肉眼看来，橘子是橙色的。

（一）色彩的种类

色彩的种类主要有彩色和无彩色两大类，彩色指的是黄、红、蓝等；无彩色指的是黑、白、灰等。

1. 三原色

颜色的种类虽然很多，但是最基本的是红、黄、蓝。这三种颜色，是能够调合出其他色的基本色。如黄加蓝调合可成绿色，三原色调合可成黑色等，但其他颜色却不能调合成红、黄、蓝三色，因此，我们把红、黄、蓝三种颜色称为三原色，三原色是自然界最基本的颜色。如图8-3所示。

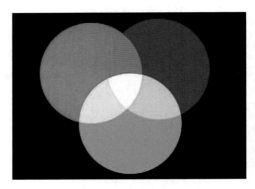

图8-3　三原色

2. 间色

三原色中，任意两种颜色按一定比例调合成的颜色，称之为间色，也叫第二色。如黄加蓝为绿色，红加黄为橙色，蓝加红成紫色等。

3. 复色

复色又叫再间色，即有两个间色或者一个原色和黑色混合而成的第三色。如橙色加绿色调合成黄灰色；绿色加紫色调合成青褐色。

4. 纯色

七色光谱的红、橙、黄、绿、青、蓝、紫色称为纯色，其他色则为非纯色。

5. 同类色

色相比较接近的颜色称之为同类色，如红色、紫色、橙红等。在一种颜色中，把加入不同量的黑、白色所产生的深浅不同的色相也称作同类色，如红与深红、绿与墨绿等。

6. 调合色

将色圈上任意一色和它相邻近的色彩相互调合称为调合色，如红与橙、红与紫等。将色彩明度相近的颜色相调合，将色彩纯度相近的颜色相调合，将冷暖色调的色彩相调合都称为调合色，如淡红与淡蓝、暗红与暗蓝、红与绿等。

（二）色彩的三要素

1. 色相

色相就是色彩的相貌，它使色彩与色彩之间产生质的区别。色相通常以色彩的名称来体现，如赤、橙、黄、绿等。色相的数目是多不胜数的，但由于视觉的关系，可以辨别得出的却不多。在色彩学上，把七种标准色和它们的中间色编成了一个能够清楚地表明色相的色环，也称作色轮，按顺序排列，两端红与紫闭合，中间色即无数种过滤色，如红橙、黄橙、黄绿、青绿等。

2. 色度

色度指的是色彩的明度和纯度。明度是色彩的明暗深浅程度。明度有两种：一种是色彩本身由于光度不同而产生的明暗，如红色，在强光下则呈现鲜明的红，在光线较弱处则是正红色，在光线更弱处则是暗红，其红的程度依光递减；二是各种色彩相互比较的明暗。在无彩色中，白色明度最高，黑色明度最低，在彩色中，黄色亮度较高，蓝色、紫色明度较低。在七种标准色中，以黄色为最明，仅次于白，以紫色为最暗，仅次于黑。总之，亮的颜色明度高，暗的颜色明度低。

纯度是指含有色味的多少程度，如大红色度高于粉色、深红。色度高的色彩是正色，不混杂黑白的成分。色彩中加入了黑或者白调成色，称作破色，任何颜色加入了黑色或者白色，明度就随之变化，纯度也相应降低。

3. 色性

色性是人们通过颜色所产生的感受、联想，它是一种心理和生理反映。不同的色彩往往给人不同的感受，因而色彩有冷色、暖色、中性色的区别，这里我们把色彩的冷、暖倾向称作为色性，即色彩的性质。

所谓的冷色，指的是黑、白、灰、蓝等色，给人以寒冷、沉静的感觉；所谓的暖色，指的是红、黄、橙等色，给人以温暖热烈的感觉；中性色则指的是介于冷色和暖色之间的一些色彩，如绿色、紫色等。冷暖色有时也是相对而言的，如大红、朱红与红色搭配在一起，大红、朱红则显得相对冷一些。

（三）菜肴原料的色彩

从菜品整个加工制作过程来看，其所用原料色彩包括三个方面的内容：菜肴原料的固有颜色、菜肴原料的加工色、菜肴原料的复合色。

1. 菜肴原料的固有颜色

菜肴原料在不变的自然光线和无色灯光下，自身会呈现出不同的颜色，我们把这种没有经过任何加工处理的原料自身的色彩称作原料的固有色或自然色。原料的色彩是相对的，以红色为例子，可以分为深红、浅红，有的红中偏黄，有的红中偏灰，有的红中偏紫。植物性原料基本上是红中偏黄或偏紫，动物性原料则多是红中偏灰。

2. 菜肴原料的加工色

原料的加工色，指的是菜肴原料经过初步加热处理后，在不加任何无色或者有色调味品的前提下，因自身的性质发生理化变化，使其固有色发生变化而产生的颜色。如绿色的原料经过热处理后色泽要发生变化，由绿色变成黄绿色或者墨绿色。再如，无色透明的虾类，经过初步热处理后，色彩会变红色，其色相之间产生了明显的差异。所以要掌握菜肴原料的加工色，对弄清菜肴原料的固有色和加工色、生料与熟料之间的色彩差异有着极为重要的作用。

3. 菜肴原料的复合色

菜肴原料的复合色和色彩学的复合色在概念上有本质的区别，它不是两种间色的调配，而是各种有色调味品根据食品味型需要，相互按照一定的量进行调和后，产生的各种不同味道的复合色食品。

在菜肴的复合色中，构成菜肴复合色彩的主要因素是各种有色调味品和各种加工方法在菜肴加工过程中的使用，它们对菜肴色彩的变化与合成有直接的作用。其中，有色调味品（包括原料自身所含的天然色素）和添加剂对菜品的影响最大。如各种少司所呈现出的颜色，都是由各种调味原料本身颜色综合赋予的。

在菜品的制作过程中，有色调味品和食品原料的固有色、加工色之间是相互影响的。在一定程度上，它可以改变菜肴原料的基本色相而产生新的复合色彩，但在使用各种有色调味品时，必须以一定的味型为基础，切忌因菜品色泽而影响其口味，要保持菜品色美与味美相统一。

二、西餐装盘与装饰中色彩的运用

菜品色彩的呈现，要以自然界食物的原有颜色为基础，赋予或者搭配不同的色彩。凡是菜品原料，都有其本身的色彩和光泽，巧妙地应用原料固有色、加工色和复合色进行组合，使所创作的菜品更富有真实感、形象感。

不同色彩的菜品，往往给人以不同的享受，因而色彩有冷、暖色的区别。冷色是能给人清淡、凉爽、沉静的感觉；暖色是能给人温暖、明朗、热烈的感觉。要了解不同颜色对人的心理活动的影响，在菜品造型的构图中，注意各种原料色彩的选择与应用。

（一）色彩定调

菜品色彩与菜品造型一样，要主次分明。分主次就是要确定菜品色调的冷与暖，这是配色时应考虑的。冷暖不同的色彩，虽然在构图中可以使画面呈现各种各样的色调，但菜肴的基本色调，却只能是确定为暖色的"暖调"、冷色的"冷调"或"中性色调"三种基本色调中的其中一种。在菜肴装盘中，将三种基本色调中的一种首先确定下来，这叫作为菜肴色彩定调。如菜品中多采用红色，则属于暖色调；多采用蓝色，则属于冷色调；多用黄色，则是明色调；多采用黑、紫色，则是暗色调。一款菜品的设计，有了色彩主调，画面才能统一，才能达到一定的艺术效果，否则会杂乱无章（图8-4）。

图8-4　西餐中"冷调"和"暖调"的菜肴

（二）确定底色

确定菜肴底色，主要指菜品盛器的选择。菜品造型的形美、色美，离不开盛器的烘托和配合。因此，选择合适的盛器，对菜品的造型来说是十分重要的。菜品造型的底色，应该选用能够使菜肴图案、画面突出，清晰明朗的色彩，否则底色就会破坏整个菜品的色调。例如，将绿色调的菜肴盛在绿色盘中，既显不出菜肴的色调，又埋没了盘上的纹饰美。如果改盛在白色餐具，便会使菜肴的色调鲜明，产生清爽悦目的艺术效果。

（三）对比色的应用

色彩应用中的对比，是指将不同的色相互映衬，使各自的特点更加鲜明、更加突出，给人以更加强烈、醒目的感受。在菜肴的造型中，对比色的应用极为广泛，各种材料的色彩对比，将直接关系到菜品的真实性和菜品的味觉感受。色彩本身不是单独存在的，只有几种色彩的同时存在，通过对比和搭配，才会使菜品色彩鲜艳夺目。

菜品造型图案不是绘画图案，它必须以菜肴原料的色彩为对比色，通过原料色彩的对比，使菜肴原料色彩之间产生区别和联系，以达到图案造型鲜明、生动的效果。

对比色的特点虽然鲜明、强烈，但是处理不当，容易产生杂乱炫目的后果。在实际应用中，经常采用的对比色技巧有冷暖色调的对比、色相的对比、明暗的对比以及面积的对比等几种方法：

1. 冷暖色调的对比

冷暖色调的对比是一种生理和心理感受，它根据食品原料的色相来决定。冷暖色调之分是相对的，在同类色的食品原料中，其色相的纯度越高，给人的感觉越暖或者越冷；色相的纯度越低，给人的感觉就越冷或者越暖。比如，红樱桃和番茄、过油后的菜叶和焯水后的菜叶，把这些原料进行对比，红樱桃要比番茄给人的色彩感受暖一些，而过油后的菜叶比焯水后的菜叶给人的感觉要冷一些。因此，冷、暖色调的对比使用可增加菜肴的色感，为菜品带来生气，从而使人的视觉对菜品产生空间感受，增强菜品的立体效果。

2. 色相的对比

色相的对比，是将两种材料的色彩进行直接对比，使图案产生美的效果。色相的对比主要有三种：同类色的色相对比、邻近色的色相对比和对比色的色相对比。

（1）同类色的色相对比　它指的是同一类色彩的两种原料，色相的差异在15°左右的较弱对比。如红樱桃与番茄、黄瓜与菠菜等，这种对比能给人单纯、柔和、甜美的感受。

（2）邻近色的色相对比　邻近色的色相对比是指不同类色彩的两种原料色相差异在45°左右，如红甜椒与紫甘蓝。这种对比给人味厚、色高雅的感觉。

（3）对比色的色相对比　对比色的色相对比是不同色彩的两种原料，色相差异在130°左右的对比。对比色的色相对比是菜品图案造型中最为普遍、最经常应用的一种。在各种原料色相的对比中，色相差别越大，对比越强烈，色相差别越小，对比就越弱。

3. 明暗的对比

明暗的对比，是指食品原料经过加工处理后，原料色彩的光度和色度的对比。它包括同类和不同类原料色彩明暗度的差别对比。如在同类色中，焯水的蔬菜和过油的蔬菜，色彩的明暗度差别很大。在不同类色的原料中，黑白对比是基本的对比，黑白对比给人以醒目和清晰之感，是一种应用比较广泛的色彩对比。由此看来，不同类色的原料明暗差异，通过对比可以相互衬托、补充，使之更进一步地丰富菜品图案造型的色彩。

4. 面积的对比

面积的对比，是指图案造型中，同类色和不同类色或多种色彩的鲜艳夺目，自然真实。一般来说，色域面积越大，反射的光度越强；反之，面积越小，反射的光度越小。其色彩的明度和纯度也是如此。所以，面积大小、多少的对比，对色彩的效果有着不可忽视的作用。

（四）色彩的配合

菜肴图案的造型中，色彩的配合尤为重要。各种有色原料的配合，不同于绘画中各种颜料的调色，而是将各种烹制好的有色食品原料，根据自然界中植物、动物、景物或人们理想中的图案形象，依据其物象的色彩，用食用性的原料来表现图案的一种方法。在图案造型中，常见的色彩配合方法有以下几种：

1. 同类色相配合

同类色相配合又称作顺色配，就是将同类色的食品原料，按其色彩的纯度不同相配合，使团的色彩产生较为柔和的过渡效果。同类色相配合，有紫红、正红、橘红、青红的配色，也有橙黄、土黄、淡黄的配色，还有纯白、黄白、青白的配色等。

2. 邻近色相配合

邻近色的相配合，一般根据七色光谱的相邻顺序来一次配合，像色轮中的红与橙、橙与黄、绿与青，因为它们之间的色相与明度能够是图案的色彩产生明显的过渡，使用这种方法，能使图案的色彩艳丽、多彩、自然。

3. 对比色配合

对比色相配合又称作对色配，它是根据原料色相之间所产生明显色度差异进行色彩的配合，如红色与绿色，黄色与紫色，黑色与白色等。这类色彩的配合使图案的形象鲜明突出，相互之间通过不同色相的对比，产生明显的衬托感。

4. 明暗色相配合

明暗色相配合是根据菜品原料色彩的明暗度来进行色相配合。明度高的原料在图案中能使所表现的部分更加突出，明度低的原料能使图案产生稳定和增强空间的效果。所以，明度高的色彩如白、黄、橙、绿要用暗色来衬托，明度低的色彩，如正红、火红、墨绿、紫、黑等则要用明色来衬托。

5. 色域面积大小相配合

色域面积大小的配合是根据菜品原料的不同色彩，用大小不同的色域面积来配合，使之产生明显的立体感受，如在浓汤的图案造型中往往使用这种方法。通过对浓汤的色彩和表面小面积装饰材料的色彩对比，能使菜品图案产生强烈的视觉效果。

（五）色彩的情感与味觉

菜品造型色彩的不同安排、组合，不仅表现在给人以情感和联想上，而且它还能体现习惯、身份等方面的差异，对于不同色彩的菜品会产生不同感受，包括不同的情感和味觉感受。大致如下：

表8-1　色彩的情感与味觉

颜色种类	给人的感觉	象征意义
红色	味浓、干香、酥脆、甜美、温暖、热烈	喜庆、健康、吉祥
绿色	清新、爽口、柔嫩、新鲜、兴旺、安静	希望、新生、和平、安全
黄色	甜酸、香甜、脆嫩、温暖	光明、越快、权威、丰硕
白色	清淡、软嫩、洁净、脆爽、朴素、雅洁	光明、纯洁、高尚、和平
黑色	味浓、味长、干香、刚健	严肃、坚实、庄严
褐色	干香、味长、朴实、稳重	健康、稳定、刚劲
紫色	鲜香、幽雅、高贵	庄重、娇艳、爱情、优越

菜品的色彩，基本上如表8-1所示为主，这些色彩在不同的图案中被赋予了不同的情感。由于色彩对人的心理作用与味觉感受以及生理反应关系极为密切，因此，在实际图案运用中它不是一成不变的。例如，进餐环境中各种灯光的出现，使进餐者口味喜好发生变化，菜品的色彩也应随之变化。

总而言之，在菜品图案、造型中，必须根据进餐的环境、进餐的对象、进餐的目的，以及菜肴图案的食用性等方面来具体设计菜品色彩。在菜品图案造型中，色彩的运用有着极其特殊的意义，它能通过人们对色彩的不同感受，使菜品产生空间感和层次感。所以对色彩性质的认识，可以帮助我们在菜肴色彩造型中，正确、恰当地运用色彩、搭配色彩，以更好地满足消费者的情感和味觉需求。

第四节　西餐装盘与装饰常用原料

用于西餐装饰材料的原料很多。大致可以分为以下几种：

一、香料类

香料用于西餐装饰，一般直接使用其自然形态，或者是用工具摩擦成粉末，撒在菜盘中，起到点缀作用。常用的香料有八角、肉豆蔻、肉桂、藏红花、莳萝、欧芹、迷迭香、百里香、薄荷、香菜、月桂、罗勒、细香葱等（图8-5）。

图8-5　西餐中常用于装饰的香料

二、蔬菜类

西餐装饰中常用一些色彩鲜艳、外形特别的蔬菜，作为装饰材料使用。常见的一些蔬菜，也可通过再加工工艺，使其具有独特的外形和质感后，用于装饰使用，如西餐常见的土豆，可以通过切成各种形状，赋予一定的造型后，用于装饰。比如切成细丝，炸制成土豆松，既可以食用也可用于装饰。

西餐常用于装饰的蔬菜有以下一些品种：

1. 微形蔬菜

西餐中常专门培育一些蔬菜幼苗用于菜肴的配饰。常用的有微形生菜、微形芹菜、根甜菜幼苗、微形香菜、微形洋葱、红甘蓝苗等。此外还有专门培育出的迷你蔬菜用于菜肴的配饰，常见的有迷你胡萝卜、迷你茴香、迷你萝卜等（图8-6）。

图8-6　西餐中用于装饰的微形蔬菜

2. 叶菜类

可用于装饰的叶菜类品种较多，如菊苣、菠菜、大白菜、抱子甘蓝等（图8-7）。

图8-7　常用于西餐装盘美化的叶类蔬菜

3. 根菜类

西餐中常用的根菜类原料，有土豆、萝卜、胡萝卜、根香芹、根甜菜、欧防风、牛蒡等。根菜类原料，常可以切细丝炸成蔬菜松；或者切薄片进行烘干处理等，然后用于装饰（图8-8）。

图8-8　根菜类原料在西餐装盘美化的应用

4. 茄果类

茄果类原料具有比较显眼的颜色，也常用于西餐的装饰，如茄子、甜椒、樱桃番茄等（图8-9）。

图8-9　茄果类原料用于西餐装盘美化

水果由于口味甜酸、色彩鲜艳，也多用于菜肴的装饰中，特别是点心的装饰中。西餐中常用的水果有以下一些品种：

1. 鲜果类

常用的鲜果包括苹果、草莓、橙子、凤梨、树莓、蓝莓、柠檬、无花果、车厘子、哈密瓜、醋栗等。一般直接用于菜点装饰。鲜果类，也可以糖渍、低温烘干干制后再用于装饰，常见的鲜果如橙子、柠檬以及菠萝等（图8-10）。

图8-10　鲜果类原料用于西餐装盘美化

2. 干果类

西餐装盘中，使用干果美化是一种常见的手法。这种原料的运用，既可以美化菜肴，同时也丰富了菜肴质地的层次和营养价值。

常用的干果品种较多，如核桃、松子、花生、开心果、榛子等，均可以使用在菜肴的装饰中。装饰时，常将干果切碎，然后自然地撒在菜点表面，西点中常用干果沾焦糖冷却后，制成焦糖针后用于装饰（图8-11）。

图8-11　干果类原料用于西餐装盘美化

四、花卉类

一些花卉色彩鲜艳、可以食用的花卉原料，也可用于西餐的装饰，常用的花卉有玫瑰花、三色堇、南瓜花、朝鲜蓟、紫罗兰、薄荷花、洋甘菊、旱金莲等。这些花卉不仅可以食用、形态美丽，还可以赋予菜点清香或芬芳的气味（图8-12）。

图8-12　花卉类原料用于西餐装盘美化

五、其他原料

其他常用于西餐装饰的材料有干酪、面制品、糖制品、巧克力制品等。

帕尔玛干酪常打磨成粉，拌和香料后，放在不粘高温烤布上，铺成条状，入炉烘烤成金黄色，趁热弯折成环状、碗状等需要形状，冷却后即可定型，用于菜肴的装饰。面制品也常用于菜肴装饰，如起酥面团常用于制作酥盒，或擀薄后用拉网刀拉成网状，烘烤定型，用于装饰。其他诸如泡芙面糊、意大利面条、春卷皮等面制品等都可以用于菜肴装饰（图8-13）。

图8-13　面制品用于西餐装盘美化

第五节　西餐装饰常用工具

西餐菜肴装盘装饰中，常使用专用工具，以达到最佳的美化效果。常用于西餐装饰的工具繁多，大致可以分为以下几类：

一、搅拌器具

搅拌器具用于搅拌各种面糊、浆料的工具，常用的有：蛋抽，不锈钢材质，人工搅拌使用，是使用最为广泛的厨房用具之一；棒状搅拌器，电力驱动，可以快速方便地粉碎物料、搅拌少司等，可根据不同的物料更换不同的搅拌头使用（图8-14）。

图8-14　西餐装饰中常用搅拌器具

二、衡量器具

衡量器具用于称量物料的用量，特别是一些对称量要求精准的配方，必须使用相关的衡量器。常用的衡量器具有电子秤、球形量勺、量杯、温度计等（图8-15）。

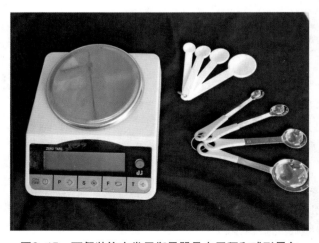

图8-15　西餐装饰中常用衡量器具电子秤和球形量勺

三、塑形模具

塑形模具，主要用于菜肴主辅材料的造型，主要为各式不锈钢造型模具（图8-16）。用于菜肴的定型，如不锈钢环、三棱塔形模等；巧克力模板，用于制作不同形态的巧克力插件；冰雕模，多为硅胶材料制成，罐装满水后冻结，脱模可制成大型的冰雕制品，多用于大型的西餐展台装饰（图8-17）。此外还有齿形刮板、木轮根等。

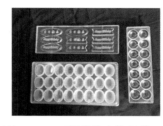 

图8-16　西餐装饰中使用的不锈钢锥形磨具和圆模　　　图8-17　西餐装饰中使用的巧克力模板和冰雕模

四、加工工具

用于西餐装饰常用的工具及其用途如表8-2所示：

表8-2　西餐装饰常用的工具及用途

工具名称	外形	用途
胡椒研磨器		用于碾磨胡椒粒，直接用于菜肴的装饰
小型喷火枪		带有瓦斯罐的喷火枪，可用于糖艺制作，也可以在原料表面喷烧，使其瞬间炙烤上色，形成特殊的质感和色彩

续表

工具名称	外形	用途
橄榄油喷壶		通过抽压，喷出雾状的油雾，常用于食品增亮
虹吸压缩器		可用来掼奶油，以及制作松软轻滑的泡沫、餐后甜点、冷热酱汁、打散的奶油汤以及嫩滑的慕斯
巧克力喷枪		可以快速高效地喷出巧克力喷雾，使其快速凝结在被装饰物表面，形成均匀细腻的质感。喷射出的雾状颗粒大小可以随意调节
开蛋器		可平整地切开鸡蛋，切割好的蛋壳清洗后用作盛器。在法式菜肴制作中较为常用
多功能蔬菜切割器		可根据需要更换刀片，将原料加工成不同尺度、不同形状的丝、片，使用极为便捷
拉网刀		用于拉切面皮、起酥面团等原料，拉切后拉伸可形成网状
不粘高温烤布（垫）		可承受-30℃~250℃的温度，用不粘材料制成，可反复使用数百次。用于材料的烘干、焙烤加工，也是糖艺制作的必备工具

续表

工具名称	外形	用途
硅胶刷		硅胶材料制成，可用于刷酱汁，耐高温，易于清洗
酱汁笔		将酱汁、果胶、巧克力等材料装进笔管里后，便可随意在盘子上，或者菜点上直接进行精细的手工绘制装饰
酱汁壶		可用来盛装酱汁、果胶、巧克力等材料，通过挤压在盘子上进行装饰的工具。有些还可以通过更换壶嘴来改变挤压线条、纹路的变化

除了常用的工具外，近年来兴起的分子烹饪，不仅烹饪技法以及所用材料独特，其加工所用的工具、设备也较为独特，如烟熏枪、鱼子生成器、耐高温烹饪纸、低温烹饪机等。尽管目前，分子烹饪并不是西餐烹饪的主流，但是它的独特的加工技法不失为西餐烹饪创新的一大举措，值得借鉴（图8-18）。

图8-18　使用烟熏枪制作和美化食物美化

第六节　西餐装盘与装饰技术菜肴训练

一、配菜的装盘与装饰技术菜肴训练

西餐的配菜，选料多样、种类繁多。在配菜的装盘与装饰的技术菜肴训练中，不仅要考虑其成品后的形状，还要注意其成菜的口味，色泽和装盘的自然装饰效果，以及与主菜、少司的和谐搭配等。

训练一、鲜虾酿鸡蛋

（1）菜肴训练目的　练习鸡蛋类装饰配菜，用于自助餐冷盘或装饰。

（2）菜肴训练要求　达到形态美观，清香适口，蛋香宜人的效果。

（3）原材料

① 主料：鸡蛋12个（3个1份）。

② 辅料：黄瓜1根，香草少司100g，煮熟的大虾12只。

③ 调料：鱼胶冻汁适量。

（4）制作过程　将黄瓜切成厚片放于盘中，放上香草少司酿鸡蛋，再将煮熟的鲜大虾插在香草少司上，淋上鱼胶汁增亮即成。

（5）菜肴变化

① 香草少司酿鸡蛋：鸡蛋煮熟，切成两半，取出蛋黄，用裱花袋将香草少司挤入鸡蛋内，表面点缀薄荷叶和烟熏三文鱼即成。

② 鱼子酱酿鸡蛋：鸡蛋煮熟，切成两半，取出蛋黄，酿入黑鱼子酱，淋上鱼胶汁增亮即可。

③ 圆形熟鸡蛋片：将鸡蛋煮熟，切成圆形厚片，中心蛋黄处酿上黑鱼子酱，淋上鱼胶汁增亮即可。

训练二、玉米酿番茄

（1）菜肴训练目的　学习番茄类装饰配菜，用于自助餐冷盘或装饰。

（2）菜肴训练要求　形状美观，少司咸鲜酸香、开胃解腻。

（3）原材料

① 主料：鲜番茄12个。

② 辅料：奶油拌玉米200g，细香葱20g。

（4）制作过程　将番茄去蒂、掏空内瓤，酿入煮好的奶油玉米，用细香葱点缀，淋上鱼胶汁增亮即成。

（5）菜肴变化

① 芦笋酿番茄：将番茄去蒂、掏空内瓤，酿入煮好的黄油芦笋尖，用红椒丝点缀，淋上鱼胶汁增亮即成。

② 玉米笋酿番茄：将番茄去蒂、掏空内瓤，酿入煮好的玉米笋，淋上鱼胶汁增亮即成。

③ 慕斯酿番茄：将番茄去蒂、掏空内瓤，酿入制好的海鲜鱼肉慕斯，淋上鱼胶汁增亮即成。

④ 什锦水果酿番茄：将番茄去蒂、掏空内瓤，酿入各种煮熟的什锦小水果球，淋上鱼胶汁增亮，放在厚的黄瓜片上即成。

⑤ 鹌鹑蛋酿番茄：将番茄去蒂、掏空内瓤，酿入切成半的鹌鹑蛋和黑橄榄，淋上鱼胶汁增亮即成。

⑥ 香草黄油烤酿番茄：将番茄去蒂、掏空内瓤，酿入调好的香草黄油汁，送入面火烤炉内，烤香上色即成。

训练三、小黄瓜和青南瓜篮

（1）菜肴训练目的　学习黄瓜、青南瓜类装饰配菜，用于自助餐冷盘或装饰。

（2）菜肴训练要求　形状美观，口感嫩滑，清香适口。

（3）原材料

① 主料：黄瓜3个。

② 辅料：海鲜鱼肉慕斯200g，煮熟的大虾12只。

（4）制作过程　将黄瓜切成4cm长的段，外皮刻出装饰凹痕，中心掏空，酿入海鲜鱼肉慕斯，用煮熟的鲜大虾装饰后，淋上鱼胶汁增亮即成。

（5）菜肴变化

① 小黄瓜、青南瓜篮：将小黄瓜、青南瓜切成4cm长的段，外皮刻出装饰凹痕，中心掏空，酿入三文鱼肉慕斯，用樱桃小番茄装饰后，淋上鱼胶汁增亮即成。

② 玉米酿小黄瓜、青南瓜：将小黄瓜、青南瓜切成4cm长的段，外皮刻出装饰凹痕，中心掏空，酿入用玉米、红椒粒、青椒粒炒香的馅料后，淋上鱼胶汁增亮即成。

二、主料的装盘与装饰技法菜肴训练

（一）肉卷类装饰菜肴

肉卷类菜肴是西餐中常见的，加工技巧类似于日本料理中的寿司卷。制作时，通常是将提前制好的肉蓉，放在各式各样的卷皮原料中（如：牛肉、鱼肉、猪肉、鸡胸肉、兔背肉、猪网油、蛋片、班克皮、寿司海苔、豆腐皮等）上，卷成型后，熟制。其选料灵活，变化多样。成品具有造型美观、层次分明、色彩鲜艳、口味丰富等特点，深受食客的欢迎。

训练一、法式海鲜鱼卷

（1）菜肴训练目的　了解西餐肉卷类菜肴的制作方法。

（2）菜肴训练要求　造型美观，层次分明、色彩鲜艳、口味丰富。

（3）原材料

① 主料：海鲜鱼柳8条。

② 辅料：海鲜鱼肉酱500g，紫菜10g，红椒丝50g，青椒丝50g。

③ 调料：盐和胡椒粉适量。

（4）制作过程　先将海鲜鱼柳用保鲜膜包好，用刀拍成大而薄的鱼片，再把鱼片纵向并排摆放在案板上，抹上调好的鱼肉酱，放上切好的红椒丝、青椒丝等装饰料，卷裹成鱼肉卷后蒸熟，改刀装盘，淋汁即成。

（5）菜肴变化　红酒汁烤鸡肉卷，是以鸡肉片卷紫菜和鸡肉慕斯肉酱，定型后烤熟，配红酒少司即成。

（二）肉批类装饰菜肴

肉批类装饰菜肴，是法式西餐中独特的菜肴烹调方式。肉批是从法文单词pâté翻译过来的，也可以用法文TERRINE来表示，直译就是指瓦钵、罐或烹调时炖、煮用的砂锅。这里是指用这种锅具制作的肉酱类菜肴，简称为肉批。

肉批类菜肴的加工工艺，是将制成肉蓉的肉酱，放入特制的肉批模具中，通过长时间的低温烘烤后，冷却定型制作而成，它的制作工艺精细，加工考究、成菜美观、风味浓厚，具有很强的装饰性和食用性，常用于西餐的冷盘类菜肴、西式快餐、三明治类菜肴和自助餐餐会的菜肴展示等。

肉批类菜肴的选料广泛，不仅可以使用各种肉类原料作为主料，还可以使用各种内脏类原料和蔬菜原料作为主料。

常见肉批类菜肴有：法式鹅肝批、鸡肝批、海鲜肉酱批、什锦蔬菜批等（图8-19）。

图8-19　肉批类菜肴

训练二、香草海鲜肉酱批

（1）菜肴训练目的　学习西餐肉批类装饰菜肴，掌握法式西餐中独特的烹调方式。

（2）菜肴训练要求　工艺精细，加工考究，成才美观，风味浓厚。

（3）原材料

① 主料：海鲜鱼肉1500g，甜红椒粉20g，鸡蛋4个，奶油200mL。

② 辅料：香草碎50g，奶油煮韭葱50g，罐装番茄粒50g，煮熟的胡萝卜50g，节瓜丁50g。

③ 调料：盐和胡椒粉适量。

（4）制作过程

① 将海鲜鱼肉放入搅碎机中搅碎，分别加入食盐、胡椒粉、甜红椒粉、鸡蛋和奶油拌匀，调味后制成鱼肉酱。

② 将鱼肉酱分成两份。其中1/3的鱼肉酱加入香草碎、奶油煮韭葱和罐装番茄粒制成香草肉酱；另外2/3的鱼肉酱则加入煮熟的胡萝卜和节瓜丁，制成蔬菜肉酱。

③ 在方形肉批模具中先放入火腿片，再依次放入鱼肉酱（顺序为蔬菜肉酱、香草肉酱、蔬菜肉酱），用火腿片将肉酱包裹整齐，送入110℃的烤炉内烘烤1h。待肉酱熟透后取出，冷透后切片，装盘淋汁，装饰即成。

（5）菜肴变化　法式鹅肝批、鸡肝批等。

（三）胶冻类装饰菜肴

胶冻类菜肴的使用广泛，成菜美观大方，有较强的实用性和艺术性。它不仅可以作为西餐菜肴的主料成菜，也可以作为装饰类的菜肴，用于西餐自助餐展台的装饰上。同时，胶冻本身也是西餐展台类菜肴绝佳的增亮材料。

西餐胶冻类菜肴根据应用的需要分为：①海鲜类胶冻菜肴；②畜肉类胶冻菜肴；③蔬菜、水果类胶冻菜肴。

胶冻类菜肴的制作比较简单，方法如下：

（1）原材料　白色的肉类清汤或海鲜清汤1L，鱼胶冻片（粉）40~50g。

（2）制作过程　将鱼胶冻片（粉）放入少许冷水中泡软后溶化，倒入热的清汤中，充分搅匀后过滤冷却，定型后即成胶冻。

制作者可以根据需要制作各种类型的胶冻菜肴。

训练三、法式鹅肝冻

（1）菜肴训练目的　了解西餐胶冻类菜肴的制作方法和应用。

（2）菜肴训练要求　成菜美观大方、香味浓郁。

（3）原材料

① 主料：胡萝卜100g，芦笋100g，四季豆100g，西芹100g，煮熟的鹅肝150g。

② 辅料：鸡肉胶冻汁300g，结力冻片2片，番茄100g，青豆蓉100g。

③ 调料：食盐和胡椒粉适量，酒醋汁适量。

（4）制作过程

① 把胡萝卜、四季豆、芦笋、西芹等蔬菜料去皮洗净，焯水后漂冷备用。

② 将煮熟的鹅肝切成长条块状。鸡肉胶冻汁加热溶化，加入用冷水泡开的结力冻片，搅匀备用。另将约100g胶冻汁倒入青豆蓉中搅匀。

③ 将保鲜膜紧贴于方形模具的内壁，依次（逐层）放入青豆蓉、胡萝卜条、芦笋、鹅肝条、四季豆、根芹菜和番茄块。每放一层，就浇上一层结力冻汁，直至铺完。然后将成型的模具坯料冷藏定型。

④ 上菜前，将冷藏的鹅肝冻脱模取出，切成厚片，装入菜盘中，淋上酒醋汁，用香草、番茄等点缀即成。

（5）菜肴变化　法式鸡肝冻、鱼肉冻等。

（四）束法类装饰菜肴

束法类菜肴，是法式西餐中常见的一种菜式，它既可以作为西餐菜肴的主料成菜，也可以作为装饰类菜肴，用在西餐自助餐展台的装饰上，应用广泛。"束法"是法文单词CHAUD-FROIDS的音译，它指菜肴作为热菜加工制作，待菜肴冷却后再上桌食用的方法。

西餐束法类菜肴，根据应用的需要分为：①白色束法类菜肴；②海鲜类束法类菜肴；③褐色类束法类菜肴。

其基本的制作方法是：先用白色肉类基础汤或海鲜基础汤、面粉、黄油、奶油等做一种浓稠的奶油少司，过滤后，加入溶化的鱼胶冻汁，搅匀后成束法汁备用。然后将要制作的整形海鲜鱼类或整形的禽类原料煮熟后，去除外皮淋上束法汁，冷却定型后在束法汁表面用蔬菜，水果等做出各种装饰图案点缀、装饰即可。

（五）慕斯类装饰菜肴

慕斯类装饰菜肴分为两类：咸味的慕斯类装饰菜肴和甜味的慕斯类装饰菜肴。

慕斯类装饰菜肴主要是将制作好的蔬菜泥或肉酱蓉放入模具中，再运用适当的装饰手法点缀，烹调加工而成。

三、少司的装盘与装饰技法

西餐的少司，不仅有调味的作用，还有装饰点缀菜肴的作用，西点中常见的奶油裱花装饰等，也属于少司装饰技艺的范畴。西餐少司装饰的原则，是将制作好的少司，在菜盘中按美术构图的原则，进行勾画和装饰，不一定要表现什么含义，但是能够组成有一定规则的图案，具有一定的几何形式，成型美观、大方、得体，以体现出装饰性和美化性。

常用于装饰和点缀的少司有以下几类。

训练一、鲜橙汁少司

（1）菜肴训练目的　了解西餐少司调味和装饰点缀菜肴的作用。

（2）菜肴训练要求　色彩鲜艳、美观。

（3）原材料　鲜橙汁300mL，豆蔻粉适量，丁香1个。

（4）制作过程 将原料放在锅内弄小火浓缩即成。

（5）菜肴变化 香草汁。即将罗勒香草、香菜、细香葱焯水，沥干水分后，搅碎成蓉，加橄榄油混匀即成。

训练二、红椒汁

（1）菜肴训练目的 了解西餐少司调味和装饰点缀菜肴的作用。

（2）菜肴训练要求 色彩鲜艳、美观。

（3）原材料 大红椒500g，糖20g，白醋50mL。

（4）制作过程 将红椒加水，搅碎成红椒蓉，过滤后加糖和白醋，放在锅内，用小火浓缩至浓稠，离火冷却即成。

（5）菜肴变化 番茄汁。即将红葱头、大蒜、番茄、红椒、罗勒、百里香、龙蒿切细，加糖、白醋、水搅碎后放在锅内用小火浓缩，过滤后离火冷却即成。

思考题

1．西餐菜肴的盘饰美化技术，主要有哪些特点？

2．什么是三原色？

3．色彩的三要素是什么？

4．原料色彩包括哪三个方面的内容？

5．什么是菜肴的色彩定调？确定菜肴底色指的是什么？

6．西餐菜肴中常用的对比色技巧涉及哪几种方法？

7．西餐菜肴中，常见的色彩配合方法有哪些？

8．用于西餐装饰材料的原料，大致可以分为哪些类？

9．用于西餐装饰的工具，大致可以分为哪些类？

10．简单叙述西餐装饰常用的工具及其用途。

课外阅读

西餐菜肴装盘欣赏（图8-20）

西式快餐制作（选学菜肴）

西式快餐（Western fast-food）是可以迅速准备和供应的西式食品的总称。常见的西式快餐品种有炸鸡、汉堡包、比萨等。快餐菜品的制作要求快捷化、批量化和标准化。

常见的西式快餐菜肴的制作工艺如下：

图8-20 西餐菜肴装盘

炸鸡类

训练一：美式香辣炸鸡

一、原材料（成品50份）

鸡翅50只，面粉1000g，淀粉500g，泡打粉5g，香辣腌渍液500g（辣椒粉50g、白胡椒粉5g、姜粉5g、蒜粉5g、百里香5g、盐30g、400g水等）

二、制作过程

（1）将鸡翅用香辣腌渍液拌匀，腌渍后待用。

（2）将面粉、淀粉、泡打粉按比例配制成裹粉。

（3）将鸡翅放入裹粉中裹粉后，在180℃的热油中炸至金黄色。

（4）将炸好的鸡块放入保温柜储存，需要时装盘即可。

三、菜肴分析

1．菜肴原料分析

（1）选用卫生检查合格的优质鸡翅，冷冻鸡翅需要提前24h解冻。

（2）鸡翅腌渍温度和时间：4～7℃，2h以上。

（3）裹粉中不要添加有色配料，以免影响成品炸鸡的颜色。

2．菜肴制作过程分析

（1）炸鸡裹粉采用二次裹粉：鸡块第一次不过水直接裹粉，第二次过水再裹粉。

（2）油温控制在180℃，油炸时间5～6min。

3．菜肴特点分析

色泽金黄，外酥内嫩，香辣可口。

训练二：柠檬炸鸡

一、原材料（成品50份）

鸡翅50只，面粉1000g，淀粉500g，泡打粉5g，柠檬腌渍液500g（柠檬汁50g、白胡椒粉5g、姜粉5g、蒜粉5g、百里香5g、盐30g、400g水等）

二、制作过程

（1）将鸡翅用柠檬腌渍液拌匀，腌渍后待用。

（2）将面粉、淀粉、泡打粉按比例配制成裹粉。

（3）将鸡翅放入裹粉中进行裹粉后，放入180℃的热油中炸至金黄色。

（4）将炸好的鸡块放入保温柜储存，需要时装盘即可。

三、菜肴分析

1．菜肴原料分析

（1）选用卫生检查合格的优质鸡翅，冷冻鸡翅需要提前24h解冻。

（2）鸡翅腌渍温度和时间：4～7℃，2h以上。

（3）裹粉中不要添加有色配料，以免影响成品炸鸡的颜色。

2．菜肴制作过程分析

（1）炸鸡裹粉采用二次裹粉：鸡块第一次不过水直接裹粉，第二次过水再裹粉。

（2）油温控制在180℃，油炸时间5～6min。

3．菜肴特点分析

色泽金黄，外酥内嫩，略带甜酸味。

汉堡类

训练一：牛肉饼汉堡包

一、原材料（成品50份）

芝麻圆面包50个，番茄酱500g，芥末酱50g，腌黄瓜100片，牛肉糜4000g，鸡蛋500g，洋葱碎100g，淀粉300g，盐40g，胡椒粉5g

二、制作过程

（1）将牛肉糜与鸡蛋、洋葱碎、淀粉、盐、胡椒粉混合拌匀，压成直径与面包一致、重量约100g的圆肉饼，放入煎炉（温度180℃）煎熟。

（2）将圆面包从中间切开成两半，用面包烘包机加热后，在面包盖上依次加上番茄酱、芥末酱、腌黄瓜、洋葱碎，熟肉饼。

（3）盖上面包底，装盘即可。

三、菜肴分析

1．菜肴原料分析

（1）面包可以自制，也可以选用新鲜的芝麻圆面包，面包直径约10cm。

（2）牛肉饼选用质量好的牛肉制作。

2．菜肴制作过程分析

（1）肉饼制作要称量，肉饼大小与厚度要一致。

（2）肉饼煎制时间控制在5min左右。

3．菜肴特点分析

面包松软，肉饼多汁，味咸鲜略带甜酸。

训练二：海鲜汉堡包

一、原材料（成品50份）

芝麻圆面包50个，沙拉酱1000g，西生菜1500g，虾仁2500g，火腿肠1500g

二、制作过程

（1）将虾仁煎炒成熟，火腿肠加工成丁，混合后待用。

（2）将圆面包切开成两片，用面包烘包机加热后，在一片上加上沙拉酱，再放上生菜叶及熟虾仁、火腿粒。

（3）将另一片面包合上，装盘即成。

三、菜肴分析

1．菜肴原料分析

（1）面包可以自制，也可以选用新鲜的芝麻圆面包，面包直径约10厘米。

（2）速冻虾仁使用前需要解冻，去掉背部的沙线。

2．菜肴制作过程分析

（1）炒制虾仁可加盐、糖等调味料。

（2）可以将虾仁、火腿粒、生菜和沙拉酱混合，制作成沙拉备用。

3．菜肴特点分析

面包松软，虾仁嫩滑，味咸鲜。

比萨类

训练一：意大利火腿比萨

一、原材料（成品50份）

比萨面团10Kg，比萨番茄酱2000g，意大利火腿2500g，蘑菇1000g，绿橄榄1000g，洋葱1000g，马苏里拉干酪5000g

二、制作过程

1．比萨饼皮的制作

（1）原材料（成品50份）

高筋粉6000g，盐45g，糖300g，黄油600g，酵母90g，鸡蛋500g，水3000g

（2）制作方法

① 称量好面粉、糖、盐、酵母等干性原料放入搅拌缸中慢速搅拌均匀。

② 加入鸡蛋、水搅拌成面团，再加入已熔化的黄油，中速搅拌至面团光滑有弹性即可。

③ 面团放在面板醒发15min后，分割成200g的块，然后滚圆备用。

④ 擀成圆形饼，铺在比萨烤盘上，即可进行抹酱、铺放馅料、焙烤等工序。

⑤ 厚形饼皮可在成形后醒发20～30min。

⑥ 整理好形状，边缘要厚一些，用叉子在饼皮上扎孔，以免烤时鼓起影响外观。

2．比萨番茄酱的制作

（1）原材料

番茄1000g，罐头番茄酱500g，洋葱100g，大蒜50g，黄油100g，盐15g，糖15g，黑胡椒粉10g，比萨草叶10g，罗勒粉10g

（2）制作方法

① 将番茄去皮后剁成泥，洋葱和大蒜剁碎。

② 将少司锅烧热，加入黄油，放入洋葱、蒜末炒香。

③ 加入番茄泥熬煮至浓稠，再加入罐头番茄酱，以及适量盐、糖、黑胡椒粉、阿里根奴粉、罗勒粉调味即成。

3．将意大利火腿、洋葱、干酪切成丝，蘑菇、绿橄榄切成片备用。

4．饼皮整理好形状，边缘要求略厚，用叉子在饼皮上面均匀扎孔，抹上比萨番茄酱，边缘部分不涂。

5．均匀放上火腿丝、洋葱丝、蘑菇片、绿橄榄片，最后撒上干酪丝。

6．放入面火220℃、底火200℃的烤箱中烤制，烘烤约15min至饼皮呈金黄色即成。

三、菜肴分析

1．菜肴原料分析

（1）比萨饼皮应选用优质高筋面粉。

（2）应选用比萨专用的奶酪，如马苏里拉干酪。

2．菜肴制作过程分析

（1）比萨饼皮制作要按配方称量。

（2）比萨饼皮重量和直径要一致。

（3）火腿、洋葱、蘑菇、干酪等切丝后应放入冰箱冷藏备用。

3．菜肴特点分析

饼皮金黄色，馅料丰富，味咸鲜。

训练二：海鲜比萨

一、原材料（成品50份）

比萨面团10Kg，比萨番茄酱2000g，虾仁2500g，沙丁鱼2500g，马苏里拉干酪5000g

二、制作过程（比萨面团、比萨番茄酱制作参考菜肴训练五）

（1）将虾仁、沙丁鱼洗净，切成片，用盐、香料腌渍备用。

（2）饼皮整理好形状，边缘要求略厚，用叉子在饼皮上面均匀扎孔，抹上比萨番茄酱，边缘部分不涂。

（3）放上处理好的海鲜馅料，撒上干酪丝。

（4）放入面火220℃、底火200℃的烤箱，烘烤约15min至饼皮呈金黄色即成。

三、菜肴分析

1．菜肴原料分析

（1）选用优质新鲜虾仁、沙丁鱼。

（2）干酪可以切成丁或者刨成丝。

2．菜肴制作过程分析

（1）比萨饼皮制作要按配方称量。

（2）比萨饼皮重量和直径要一致。

3．菜肴特点分析

饼皮金黄色，馅料丰富，味咸鲜。

训练三：美式烤鸡比萨

一、原材料（成品50份）

比萨面团10Kg，比萨番茄酱2000g，烤鸡胸肉5000g，洋葱1500g，青椒1000g，红椒1000g，马苏里拉干酪5000g

二、制作过程

（1）烤鸡胸肉、洋葱、青椒、红椒、干酪切丝备用。

（2）饼皮整理好形状，边缘要求略厚，用叉子在饼皮上面均匀扎孔，抹上比萨番茄酱，边缘部分不涂。

（3）将一半干酪丝放在饼皮上，再均匀撒上烤鸡胸肉丝、洋葱丝、青椒丝、红椒丝，最后撒上另一半干酪丝。

（4）放入面火220℃、底火200℃的烤箱，烘烤约15min至饼皮呈金黄色即成。

三、菜肴分析

1．菜肴原料分析

（1）烤鸡胸肉应现制，保证质量新鲜。

（2）干酪等原料加工后需要冷藏。

2．菜肴制作过程分析

（1）比萨饼皮制作要按配方称量。

（2）比萨饼皮重量和直径要一致。

3．菜肴特点分析

饼皮金黄色，馅料丰富，味咸鲜。

三明治类

训练一：总汇三明治

一、原材料

吐司面包3片，盐腌鸡胸肉1片，培根2片，番茄1个，草莓3颗，西生菜2大片，红萝卜丝适量，马乃司少司1大匙，黑胡椒适量，奶油适量，盐适量，牙签4根

二、制作过程

（1）将鸡胸肉洗净后以适量的盐腌1h后，再以烤箱烤熟后切片备用。

（2）将培根以烤箱烤干并风干水分后备用；番茄、草莓切片备用。

（3）将做法1的鸡胸肉与少司和黑胡椒混合搅拌后备用。

（4）将吐司面包用烤面包机烤过后分别涂上奶油备用。

（5）以一层吐司面包、一层西生菜与一片番茄，再一层吐司面包、一层鸡胸肉与培根地顺序叠上，最后再以另一片吐司面包覆盖。

（6）用面包刀将三明治斜角对切后插上牙签，再放上草莓及红萝卜丝做装饰后即可食用。

三、菜肴分析

1．菜肴原料分析

（1）鸡胸肉也可以用煎锅煎熟使用。

（2）可以将吐司面包的黄边切除。

2．菜肴制作过程分析

（1）吐司面包可以用多士炉加热后使用。

（2）三明治成型后可不用牙签固定，直接装盘或包装。

3．菜肴特点分析

口感鲜美，营养丰富。

训练二：金枪鱼三明治

一、原材料

吐司面包2片，金枪鱼罐头1盒，鸡蛋1个，番茄1个，西生菜1片，马乃司少司1大匙

二、制作过程

（1）西红柿洗净切片，鸡蛋煮熟切片，去掉吐司面包的四边。

（2）从罐头里取出适量金枪鱼块和马乃司少司一起拌匀，铺在一层吐司面包上。

（3）在金枪鱼上依次铺鸡蛋、西生菜和番茄片。

（4）盖上另一片面包，沿对角线切成两个三角形三明治。

三、菜肴分析

1．菜肴原料分析

吐司面包可以加热后使用。

2．菜肴制作过程分析

可以将金枪鱼块、鸡蛋、西生菜和番茄片与马乃司少司拌匀后使用。

3．菜肴特点分析

造型美观，咸鲜适口。

训练三：火腿干酪三明治

一、原材料

长条法式面包1条，烟熏火腿1片，西生菜1片，番茄1个，芝士1片，马乃司少司1大匙

二、制作过程

（1）将长条法式面包从中间横切成上下两半，在下面一半面包铺上芝士片，然后放入烤箱中烤酥脆且芝士熔化。

（2）生菜洗净沥干，番茄洗净切片备用。

（3）在烤好的半个面包上依次铺上火腿片、番茄片、西生菜，淋上马乃司少司，盖上另一半面包即可。

三、菜肴分析

1．菜肴原料分析

（1）面包也可以用微波炉进行加热约20s，但不够酥脆。

（2）马乃司少司可加入法式芥末酱、酸黄瓜末，突出风味。

2．菜肴制作过程分析

注意操作时的清洁卫生，可使用一次性塑料手套。

3．菜肴特点分析

面包酥脆，馅料爽口。

意大利面条

训练一：肉酱意大利面

一、原材料

意大利面100g，牛绞肉150g，洋葱1/4个，胡萝卜100g，西芹50g，番茄5个，番茄少司50g，橄榄油30g，红酒50g，迷迭香半颗，月桂叶1片，盐、黑胡椒粉，芝士粉适量

二、制作过程

（1）将原料洗净后，洋葱、胡萝卜、西芹切末，番茄剁成泥，备用。

（2）在深锅内煮沸清水，放入盐、橄榄油、意大利面，约煮8min，捞起后，淋少许橄榄油，稍加搅拌。

（3）平底锅加热，用橄榄油拌炒牛绞肉，炒至呈金黄色，加入洋葱、胡萝卜、西芹，炒香炒熟。

（4）放入番茄泥，炒上色，加入迷迭香、月桂叶、红酒，煮至沸腾。

（5）放入番茄少司、盐、黑胡椒粉，转小火，熬煮约10min。

（6）放入煮熟的意大利面，拌炒均匀，至汤汁收干，即可装盘。

三、菜肴分析

1．菜肴原料分析

意大利面提前煮好放一段时间以后就会失去弹牙的特性，所以应现煮现吃较好。

2．菜肴制作过程分析

（1）煮面的时候应适时轻微搅动一两次，以防面与面之间粘连。

（2）也可先将煮好的面条装盘，再配上肉酱，食用时拌匀。

3．菜肴特点分析

肉酱细腻滋润，色泽棕红，香味十足。

训练二：细扁面炒蒜椒橄榄油

一、原材料

细扁面100g，蒜5瓣，辣椒2个，特级橄榄油30g，盐、黑胡椒粉适量，荷兰芹1颗

二、制作过程

（1）原料洗净后，将蒜、辣椒切片，荷兰芹切末，备用。

（2）在深锅里盛装清水，加入盐、特级橄榄油，煮至沸腾时，再放入面条，煮8min左右，捞起，拌入少许橄榄油。

（3）平底锅加热后，倒入特级橄榄油，放入蒜末、辣椒炒至香软。

（4）倒入适量煮面水至平底锅内，再放入细扁面，炒至汤汁收干。

（5）起锅前放入荷兰芹末、盐、黑胡椒粉调味即可。

三、菜肴分析

1．菜肴原料分析

面煮熟后拌入少许橄榄油能使面条更有弹性。

2．菜肴制作过程分析

炒意大利面时加入些许煮面水，可使汤汁浓稠。

3．菜肴特点分析

味微辣，蒜香浓。

训练三：烟肉蛋黄斜管面

一、原材料

斜管面100g，烟肉80g，蛋黄1个，特级橄榄油30g，芝士粉20g，盐、胡椒粉适量

二、制作过程

（1）将烟肉切丁，备用。

（2）取深锅盛装清水，加入盐、特级橄榄油，以大火煮至沸腾后，再加入斜管面，煮10min左右捞起，备用。

（3）另取平底锅，加热后，用橄榄油拌炒烟肉至呈微金黄色，再将烟肉的油脂沥除。

（4）取煮面水适量，加入平底锅内，煮3min。再将斜管面倒入平底锅，稍加拌炒，至酱汁收干。

（5）调入些许的盐，黑胡椒粉，拌炒均匀后，加入蛋黄、芝士粉，搅拌均匀，直至酱汁呈浓稠后，即可装盘。

三、菜肴分析

1．菜肴原料分析

可使用蝴蝶形、贝壳形面来制作。

2．菜肴制作过程分析

炒烟肉时要注意用小火炒香。

3．菜肴特点分析

造型美观，口味咸鲜。

西式饭类

训练一：芝士烩饭

一、原材料

圆颗粒大米150g，黄油30g，洋葱1/4个，基础汤300g，芝士粉30g，盐、白胡椒粉适量

二、制作过程

（1）锅烧热熔化黄油，加入洋葱碎炒香，再加入米炒一会儿。

（2）然后加入基础汤，用锅盖盖严，小火焖煮约20min，关火后再焖一会儿。

（3）加入芝士粉、盐、白胡椒粉拌匀、调味后，再加热2min即可。

三、菜肴分析

1．菜肴原料分析

芝士粉最好用帕玛森或车打芝士。

2．菜肴制作过程分析

焖煮米饭还可以用电饭煲或者电压力锅。

3．菜肴特点分析

淡黄色、芝士味浓郁、软糯可口。

训练二：匈牙利牛肉饭

一、原材料

米饭200g，牛肉100g，青、红、黄椒各1个，洋葱1/4个，黄油30g，匈牙利红椒粉、盐、太白粉、牛肉基础汤适量

二、制作过程

（1）牛肉洗净并切块，用油煎黄后备用；青椒、红椒、黄椒切块、洋葱切碎。

（2）将黄油放入锅中加热，加入洋葱碎、青椒、红椒、黄椒炒香后，再加入适量牛肉基础汤、匈牙利红椒粉、盐、炒过的牛肉一起煮至牛肉变软成熟。

（3）将太白粉兑水后慢慢倒入锅中勾芡，收汁至浓稠，盛起淋在熟米饭上即可食用。

三、菜肴分析

1．菜肴原料分析

地道的匈牙利牛肉饭要添加酸奶，却不适合中国人的口味，故在此并不添加酸奶。

2．菜肴制作过程分析

勾芡时火要小，慢慢收汁至浓稠。

3．菜肴特点分析

色彩丰富，咸辣鲜香。

训练三：西班牙海鲜饭

一、原材料

大米100g，淡菜5个，南美对虾5只，干贝5个，洋葱1/4个，牛肉基础汤200g，橄榄油50g，番红花、盐、黑胡椒粉适量

二、制作过程

（1）将米洗净，沥干水分；洋葱切碎，淡菜、南美对虾、干贝洗净备用。

（2）将橄榄油放入烩锅中加热，放入洋葱碎炒香，加入洗净的米一起拌炒至洋葱变软，再加入番红花与牛肉基础汤熬煮至米粒熟透成金黄色的汤饭。

（3）将淡菜、南美对虾、干贝加入汤饭中，再加入盐、黑胡椒粉拌匀即成。

三、菜肴分析

1．菜肴原料分析

加入适量番红花使菜肴颜色更好。

2．菜肴制作过程分析

煮饭时保持小火炖煮状态。

3．菜肴特点分析

颜色金黄，口味鲜香。

比萨制作图解（图8-21至图8-25）

图8-21　和面

图8-22　制作面皮、扎眼

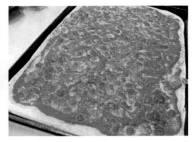

图8-23　刷番茄酱　　　　　　　图8-24　撒干酪　　　　　　　图8-25　烤熟

参考文献

1. 高海薇主编. 西餐工艺（第二版）[M]. 北京：中国轻工业出版社，2008.

2. 高海薇编著. 西餐烹饪技术[M]. 北京：中国纺织出版社，2008.

3. 高海薇主编. 西餐烹调工艺[M]. 北京：高等教育出版社，2005.

4. 杜丽，孙俊秀，高海薇，等. 刀叉与筷子——中西饮食文化比较[M]. 成都：四川科技出版社，2007.

5. 陈忠明主编，高海薇，薛党辰副主编. 西餐烹调技术[M]. 大连：东北财经大学出版社，2003.

6. 王天佑. 现代西餐烹调教程[M]. 沈阳：辽宁科学技术出版社，2002.

7. 韦恩·吉斯伦. 专业烹饪[M]. 大连：大连理工大学出版社，2002.

8. 大阪　辻厨师专科学校编著. 法国菜：肉类制作图解[M]. 沈阳：辽宁科学技术出版社，1998.

9. 大阪　辻厨师专科学校编著. 法国菜：海鲜制作图解[M]. 沈阳：辽宁科学技术出版社，1998.

10. 大阪. 辻厨师专科学校编著. 意大利菜[M]. 沈阳：辽宁科学技术出版社，1998.

11. 王汉明编著. 意大利菜品尝与烹制[M]. 上海：上海科学技术出版社，2003.

12. 王汉明编著. 法国菜品尝与烹制[M]. 上海：上海科学技术出版社，2003.

13. 艾德里安·贝利. 美食材料完全指南[M]. 北京：中国友谊出版社，2004.

14. 李宾. 新编西餐盘饰与装盘艺术[M]. 沈阳：辽宁科学技术出版社，2004.

15. 柳馆功. 法国料理美味酱汁创新调理技术[M]. 台湾：东贩出版社，2007.

16. 赖声强. 海上西厨房[M]. 上海：上海科技教育出版社，2010.

17. 钱以斌. 创意盘饰[M]. 上海：上海文化出版社，2011.

18. 劳动和社会保障部. 西式面点师（国家职业资格培训教程）[M]. 北京：中国劳动社会保障出版社，2001.

19. Manuel Pratique de la cuisine.Jeni Wright & Eric Treuilie. 1997.

20. 周宇. 宴席设计实务[M]. 北京：高等教育出版社，2011.

21. 老汤. 菜单设计[M]. 北京：中国宇航出版社，2006.

22. 蔡晓娟. 菜单设计[M]. 广州：南方日报出版社，2002.

23. 李婉君，崔功射. 菜单设计与制作[M]. 杭州：浙江摄影出版社，1994.

24. 唐纳德.《现代西方礼仪》[M]. 上海：上海翻译出版公司，1986.

25. 汪春容. 餐饮服务基本技能[M]. 成都：成都出版社，2007.

26. ［美］B.约瑟夫派恩，詹姆斯.H.吉尔摩著. 宴会设计实务[M]. 大连：大连理工大学出版社，2002.

27. 美国烹饪学院. 专业酒水[M]. 大连：大连理工大学出版社，2002.

28. 格雷厄姆. 西餐服务员手册[M]. 北京：旅游教育出版社，2006.

29. 汪春容. 餐饮服务[M]. 成都：成都出版社，2006.

30. 格汉姆. 餐饮服务手册[M]. 沈阳：辽宁科学技术出版社，1998.